ÉTUDES

SUR LA

TRANSFORMATION DU FER EN ACIER

PAR LA CÉMENTATION,

PRÉCÉDÉES

DE LA DESCRIPTION DES PROCÉDÉS ADOPTÉS POUR DOSER LE FER,
LE MANGANÈSE, LE CARBONE, LE SILICIUM, LE SOUFRE ET LE PHOSPHORE;
DE RECHERCHES SUR LE MAXIMUM DE CARBURATION DU FER;

PAR M. BOUSSINGAULT,

MEMBRE DE L'ACADÉMIE DES SCIENCES.

PARIS,

GAUTHIER-VILLARS, IMPRIMEUR-LIBRAIRE
DU BUREAU DES LONGITUDES, DE L'ÉCOLE POLYTECHNIQUE,
SUCCESSEUR DE MALLET-BACHELIER,
Quai des Augustins, 55.

1875

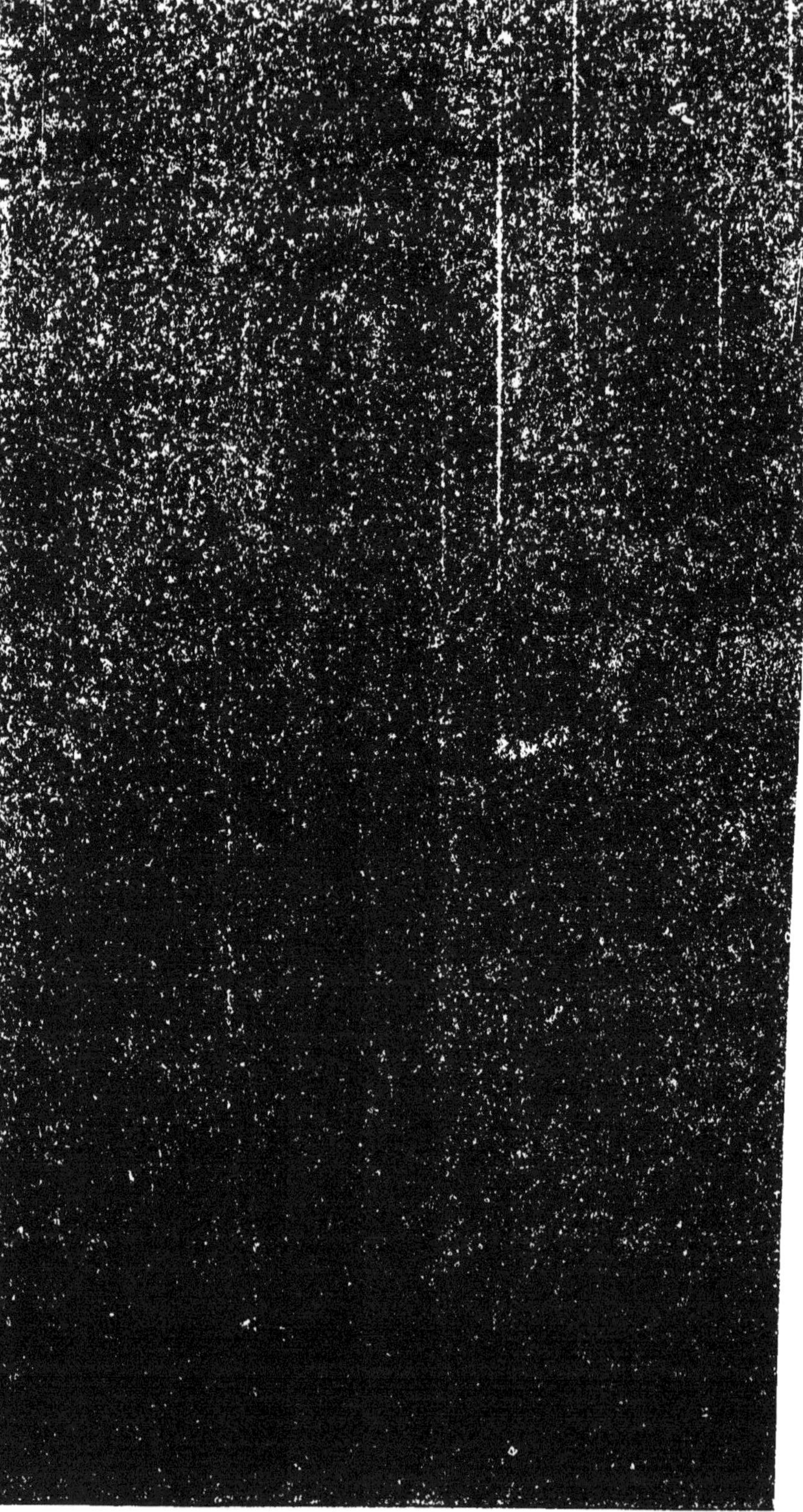

ÉTUDES

SUR LA

TRANSFORMATION DU FER EN ACIER

PAR LA CÉMENTATION.

ÉTUDES

SUR LA

TRANSFORMATION DU FER EN ACIER

PAR LA CÉMENTATION,

PRÉCÉDÉES

DE LA DESCRIPTION DES PROCÉDÉS ADOPTÉS POUR DOSER LE FER,
LE MANGANÈSE, LE CARBONE, LE SILICIUM, LE SOUFRE ET LE PHOSPHORE;
DE RECHERCHES SUR LE MAXIMUM DE CARBURATION DU FER;

PAR M. BOUSSINGAULT,
MEMBRE DE L'ACADÉMIE DES SCIENCES.

PARIS,
GAUTHIER-VILLARS, IMPRIMEUR-LIBRAIRE
DU BUREAU DES LONGITUDES, DE L'ÉCOLE POLYTECHNIQUE,
SUCCESSEUR DE MALLET-BACHELIER,
Quai des Augustins, 55.

1875

ÉTUDES

SUR LA

TRANSFORMATION DU FER EN ACIER

PAR LA CÉMENTATION.

---

§ I.

Température de la brasque ; durée de l'incandescence pendant la cémentation.

On transforme le fer en acier en le cémentant dans du charbon de bois à une température élevée. Le procédé est trop connu pour qu'il soit nécessaire de le décrire ; il suffira de rappeler que le métal étiré en barres de 60 à 65 millimètres de largeur, sur 18 à 20 millimètres d'épaisseur, est stratifié avec le charbon en poudre dans des caisses en briques réfractaires, d'une capacité de 5 mètres cubes. Deux caisses établies dans un fourneau reçoivent 27000 à 28000 kilogrammes de fer et environ 3500 kilogrammes de brasque (1). On ferme les caisses avec du sable mis sur une épaisseur de 2 décimètres.

Une expérience a été faite, à ma prière, par M. Brustlein, ingénieur attaché aux aciéries d'Unieux (Loire), pour savoir pendant combien de temps le fer et le charbon sont en contact, au rouge, et pour évaluer la température de l'intérieur des caisses aux différentes époques d'une cémentation.

Dans la pratique, pour juger du progrès de l'aciération, il y a dans une caisse plusieurs barres d'essais, disposées de telle manière que l'une des extrémités sorte au dehors du

---

(1) La brasque est formée de charbon ayant servi, après qu'il a été lavé, et de charbon neuf.

fourneau par une ouverture latérale, afin qu'on puisse les retirer sans qu'il y ait pénétration de l'air extérieur; c'est cette disposition qu'on adopta. Neuf tiges rondes, en fer, d'un diamètre de 3 centimètres, furent réparties comme des barres d'essais, comme des éprouvettes, dans les quatre caisses de deux fours contigus. En retirant rapidement une de ces éprouvettes, on appréciait la température de la brasque d'où elle sortait d'après le ton de la couleur du feu.

Les deux fours furent allumés le 29 avril, à 6 heures du matin.

Numéros d'ordre des éprouvettes.	Date de l'extraction.	Heure.	Durée du chauffage.	Couleur des éprouvettes.
		h m	h	
1........	2 mai	11.30 M.	77	obscure, brunit le papier.
2........	4 mai	6.00 S.	132	rouge sombre.
3........	6 mai	6.00 S.	180	rouge-cerise.
4........	8 mai	6.00 S.	228	rouge-cerise vif.
5........	11 mai	11.00 M.	293	rouge-orange.
6........	12 mai	6.00 S.	324	orange.

Arrêté le chauffage le 13 mai à 8 heures du matin.

7........	15 mai	9.00 M.	387	rouge-orange.
8........	19 mai	5.00 S.	491	rouge très-sombre.
9........	2 juin	après refroidissement complet.		

On déchargea les caisses le 2 et le 3 juin, c'est-à-dire trente-six jours et trente-six nuits après la mise en feu.

Les barres avaient été incandescentes du 4 au 19 mai, soit pendant quinze jours et quinze nuits. Durant cet intervalle, du 6 au 15 mai, la température s'était maintenue au-dessus du rouge-cerise; elle avait probablement atteint le rouge-orange pendant une semaine, du 8 au 15 mai.

En sortant des caisses où il a été cémenté, le fer est modifié dans son aspect comme dans sa constitution. La surface des barres est couverte de vésicules, d'ampoules variables dans leur nombre, dans leurs dimensions. Le fer prend alors le nom d'*acier poule ;* il a perdu sa structure granuleuse ou fibreuse, sa teinte bleuâtre caractéristique. L'acier poule est dur, cassant ; à l'intérieur, il a un reflet jaunâtre ou gris, plus ou moins foncé, suivant le degré de carburation, que l'œil exercé d'un contre-maître apprécie avec une exactitude que l'analyse confirme presque toujours. Quand la carburation atteint le maximum, l'acier poule présente souvent, à la cassure, une disposition ondulée, la blancheur, l'éclat de l'argent.

Je me suis proposé, dans ce travail, de rechercher en quoi l'acier poule différait du fer ; en d'autres termes, j'ai essayé de déterminer la nature et la quantité des substances acquises ou perdues par le métal pendant la cémentation. A première vue, rien ne paraît plus simple : analyser une barre de fer avant et après l'opération ; mais, en me mettant à l'œuvre, en 1870, je m'aperçus bientôt qu'il était plus facile de poser la question que de la résoudre. Ainsi j'ai dû consacrer bien du temps à étudier les procédés à l'aide desquels je devais doser les divers éléments qui entrent souvent pour une infime proportion dans le fer et dans l'acier.

J'ai eu, on le conçoit, bien des difficultés à surmonter ; la plus grande peut-être a été de doser le fer avec une précision égale à celle qu'on atteint lorsqu'il s'agit du carbone et du silicium. Par la méthode volumétrique due à M. Margueritte, je suis parvenu, en opérant sur 1 gramme de matière, à estimer le fer à 2 ou 3 dixièmes de milligramme : on a ainsi un contrôle souvent indispensable dans les analyses de fer ou d'acier. Avant de décrire les expériences sur l'aciération par voie de cémentation, j'exposerai les procédés adoptés pour déterminer dans les fers carburés les proportions du carbone dans ses deux états, du silicium, du soufre, du phosphore, du fer et du manganèse. A la suite de ces détails d'analyse, je ferai connaître des recherches relatives à une question qui n'est pas sans une certaine importance en métallurgie, celle du maximum de carburation du fer.

§ II.

Dosage du carbone.

La dissolution du fer constituant un carbure doit avoir lieu sans qu'il y ait production du gaz pouvant entraîner ou brûler du carbone.

L'agent que je fais intervenir est le bichlorure de mercure (sublimé corrosif).

En triturant le fer avec le bichlorure et de l'eau, on le transforme en protochlorure.

En opérant à froid, si le bichlorure est en quantité suffisante, il y a fort peu de mercure réduit à l'état métallique. Les produits de la réaction consistent principalement en protochlorure de fer soluble et en protochlorure de mercure insoluble

$$2(HgCl) + Fe = FeCl + Hg^2Cl.$$

Pour transformer en protochlorure 28 grammes de fer, la formule indique qu'il faudrait employer 271 grammes de bichlorure de mercure; on obtiendrait, s'il n'y avait pas de mercure révivifié, 63^{gr},5 de protochlorure de fer et 235 grammes de protochlorure de mercure [1]. Ainsi, pour chlorurer 1 gramme de fer, il faudrait faire agir 9^{gr},68 de bichlorure de mercure; mais pour accélérer la chloruration, et pour qu'il y ait peu de mercure métallique mis en liberté, il convient, pour chlorurer 1 gramme de fer, d'employer 16 à 20 grammes de bichlorure.

La fonte blanche pulvérisée, la fonte grise, l'acier, le fer, réduits en copeaux au moyen du foret ou de la rabo-

---

[1] Équivalent du fer, 28. Équivalent du mercure, 100.

teuse, sont mis avec le bichlorure de mercure en poudre, dans un mortier d'agate. On ajoute assez d'eau pour humecter fortement le mélange soumis à la trituration; il acquiert bientôt la consistance d'une pâte peu épaisse. La chloruration est terminée en moins d'une heure si le métal est en poudre; il faut plus de temps si le métal est en copeaux. La trituration n'est pas continuée sans interruption. On peut mener de front plusieurs attaques. Si, à cause du peu de division du métal, la chloruration est lente, on laisse le mélange en repos pendant quelque temps, et l'on triture de nouveau.

On reconnaît que l'action est terminée quand on ne sent plus sous le pilon des grains métalliques non attaqués.

La chloruration achevée, on fait passer la pâte triturée du mortier dans une grande capsule en porcelaine, en favorisant l'écoulement de la matière à l'aide d'une pissette; pour le transvasement, le lavage du mortier, il faut environ $\frac{1}{2}$ litre d'eau. On chauffe à l'ébullition pendant quelques minutes, puis on introduit 15 centimètres cubes d'acide chlorhydrique; on maintient chaud durant un quart d'heure, sans qu'il soit nécessaire de faire bouillir. On laisse déposer et l'on filtre par décantation. On lave à plusieurs reprises, quand toute la matière est sur le filtre, jusqu'à ce que l'eau de lavage ne soit plus troublée par l'ammoniaque. Le lavage s'exécute d'ailleurs avec une grande facilité.

Le filtre est séché à l'étuve, et le mélange de carbone, de protochlorure de mercure, contenant un peu de mercure métallique, en est détaché. On l'introduit dans une nacelle en platine, assez longue et assez profonde pour que ce qu'elle reçoit n'occupe que la moitié ou au plus les trois quarts de sa capacité (1).

La nacelle chargée est portée dans un tube en verre de

(1) Une nacelle de 60 millimètres de longueur et de 8 à 10 millimètres

Bohême en communication avec un générateur d'hydrogène sec. Après avoir expulsé l'air du tube par un courant soutenu de gaz hydrogène, on chauffe graduellement jusqu'au rouge-cerise. La plus grande partie du protochlorure de mercure est volatilisée sans être décomposée.

La volatilisation du protochlorure et du mercure réduit pourrait être effectuée tout aussi bien dans le gaz azote; mais, indépendamment de ce qu'il n'est pas aisé d'établir un courant de ce gaz, il y aurait à redouter la présence de l'oxygène; sous ce rapport, l'hydrogène offre plus de sécurité, surtout en le faisant passer à travers une colonne d'éponge de platine avant qu'il parvienne dans le tube où se trouve la nacelle. L'éponge de platine, même au-dessous du rouge, retient l'arsenic et détermine la disparition de la moindre trace d'oxygène que l'hydrogène pourrait contenir accidentellement (1).

Pour faciliter l'entrée et la sortie de la nacelle dans le tube traversé par le courant d'hydrogène, il est avantageux de se servir d'une feuille mince de platine disposée en gouttière, redressée à l'une de ses extrémités. C'est une sorte de chariot, de traîneau, dont le bout opposé au point où est la nacelle se trouve à peu de distance de l'embouchure du tube; ce qui permet de la saisir avec une pince, lorsque, après l'opération, il s'agit de la retirer. On peut placer deux nacelles chargées sur un semblable chariot.

Le tube en verre dans lequel a lieu l'expulsion du protocarbure de mercure mêlé au carbone repose sur une gouttière en toile métallique établie sur une grille à gaz. La température ne devant pas dépasser le rouge-cerise vif,

---

de profondeur peut contenir la matière résultant de l'attaque de 2 grammes de métal.

(1) On peut remplacer l'éponge de platine par du cuivre métallique divisé tel que celui qui résulte de la réduction de la planure de cuivre grillée. Le cuivre est placé dans un tube de verre ou dans un tube de cuivre maintenu au rouge naissant.

il n'est pas nécessaire de protéger le tube sur toute sa surface.

L'ensemble de l'appareil est représenté dans la *fig.* 1.

Fig. 1.

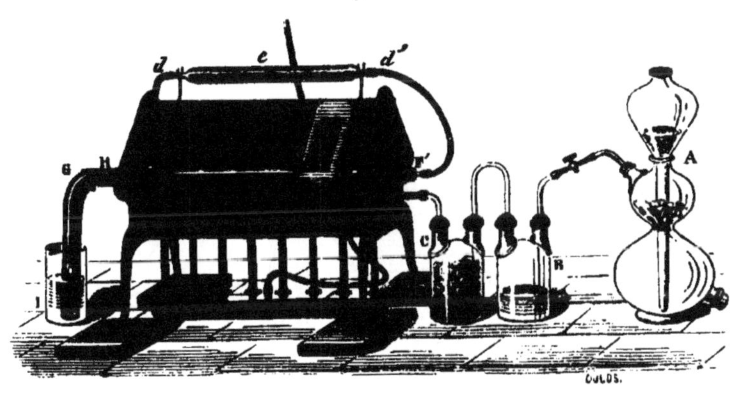

A est un générateur où l'hydrogène est produit par l'action de l'acide sulfurique monohydraté étendu de 5 volumes d'eau sur du zinc en morceaux.

Le gaz barbotte dans une solution concentrée de potasse à la chaux B; après ce lavage, il arrive dans le flacon C, dont le tiers de la capacité est occupé par des fragments de verre sur lesquels sont placés des morceaux de potasse fondue. Pour éviter de fréquents renouvellements de l'alcali destiné à retenir les vapeurs d'eau et d'acide entraînées, il y a en B environ $\frac{1}{4}$ de litre de solution de potasse, et en C $\frac{1}{2}$ kilogramme de potasse fondue. Avec de telles quantités la purification et la dessiccation du gaz hydrogène sont assurées pour plus d'une année, alors même que l'appareil fonctionne chaque jour [1].

Du flacon C le gaz est dirigé sur la colonne d'éponge de

[1] En prenant la précaution de fermer par un caoutchouc et un tube de verre plein l'ouverture du flacon C aussitôt qu'un dosage est terminé.

platine *e*, chauffée par la chaleur perdue du fourneau. Après avoir passé sur le platine, le gaz hydrogène arrive par le caoutchouc *d'* dans le tube de verre FF' où a lieu la volatilisation du protochlorure de mercure. Le diamètre du tube FF' est subordonné aux dimensions des nacelles qu'on y introduit : $1^c,5$ à $2^c,5$ sont des diamètres conve-

Fig. 2.

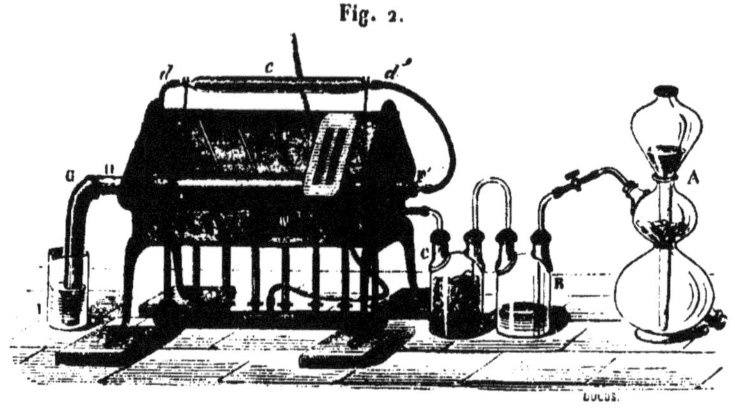

nables pour volatiliser le protochlorure mêlé de carbone venant de 1 à 3 grammes de fonte, de fer ou d'acier.

Les nacelles chargées, posées sur le chariot en platine, sont introduites dans le tube dont l'extrémité F' ferme avec un bouchon traversé par un petit tube de verre ajusté au caoutchouc abducteur *d'*; on fait alors arriver le courant d'hydrogène qui sort en I après avoir traversé une couche d'eau. On peut former le tube FF' de deux pièces : un tube droit relié à un coude HG ; cette disposition permet d'enlever commodément le chlorure condensé dans les parties froides du tube, après une série d'opérations (¹).

Le tube FF' est maintenu au rouge, dans la partie occupée par la nacelle et même un peu au delà, afin de prévenir son obstruction par du chlorure condensé; puis,

(¹) Ce chlorure est recueilli pour en retirer le mercure.

après la volatilisation du sel de mercure, on éteint le gaz et on laisse refroidir sans interrompre le courant d'hydrogène. Lorsque la température est assez basse pour qu'on puisse toucher le tube, la nacelle est retirée et mise immédiatement dans un étui de verre K fermant avec un bouchon et pesé [1] (*fig.* 3).

Fig. 3.

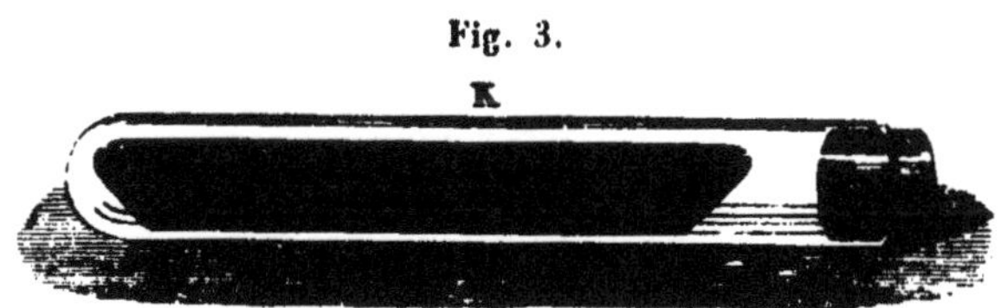

La nacelle pesée, on procède à la combustion du charbon qu'elle contient, en la posant sur un triangle en platine; on la chauffe à la flamme du gaz ou de l'alcool. Deux cas peuvent se présenter : 1° le carbone s'allumera au-dessous du rouge et brûlera, à la manière de l'amadou, en laissant une cendre blanche ou à peine colorée si le lavage du chlorure a été suffisant; avant de peser cette cendre, on remet la nacelle dans le tube FF', on chauffe au rouge sombre et pendant quelques minutes on fait passer le courant d'hydrogène, afin de réduire les traces d'oxyde de fer que le résidu pourrait renfermer. On laisse refroidir la nacelle dans le courant d'hydrogène, puis on la pèse; le fer, s'il y en a, est ramené à l'état où il était avant la combustion du carbone. 2° la combustion à l'air cessera promptement, et l'on aura un résidu noir riche en graphite qui ne brûlera pas, même en portant et maintenant la nacelle au rouge. Ainsi que pour le premier cas, la nacelle sera remise dans le tube FF', chauffée au rouge et refroidie dans le courant d'hydrogène, puis pesée. La perte de poids indiquera le

[1] On construit maintenant de ces tubes fermant avec un bouchon de verre creux; ils portent, en outre, deux pieds de verre.

carbone brûlé à l'air, le carbone combiné. La nacelle, contenant le résidu noir graphitique, sera reportée dans le tube FF′, où on la maintiendra au rouge, dans un courant de gaz oxygène, jusqu'à ce que le graphite ait disparu; les cendres qu'il laissera seront chauffées au rouge et refroidies dans un courant d'hydrogène. La perte constatée après la combustion dans l'oxygène représentera le poids du graphite. Il est vrai que ces deux combustions successives accomplies, l'une dans l'air, l'autre dans l'oxygène, ne permettent peut-être pas de fixer rigoureusement la proportion de graphite mêlée au carbone combiné, parce que du graphite très-divisé n'est pas absolument incombustible dans l'air, à la température rouge sombre (¹); mais je ne crois pas qu'il y ait un moyen de doser plus exactement un mélange des deux espèces de carbone. Au point de vue pratique, c'est déjà un renseignement utile que de connaître approximativement, dans le résidu charbonneux d'un fer carburé, le rapport du carbone brûlant facilement au carbone d'une combustion très-difficile qui est certainement du graphite. En tout cas, le procédé donne avec certitude la totalité du carbone renfermé dans la fonte, le fer et l'acier.

Il reste à signaler une correction qu'il y a lieu d'appliquer lorsqu'il s'agit d'atteindre une grande précision.

Le protochlorure de mercure résultant de l'attaque d'un fer carburé par le sublimé corrosif est reçu sur un filtre. Lorsqu'on l'a détaché pour le mettre dans la nacelle de platine, il en est resté adhérent au papier; le carbone mêlé à ce chlorure échappe au dosage. Pour en tenir compte, il faut connaître le poids de protochlorure recueilli et soumis à la volatilisation, ce qu'il laisse de carbone et le poids de protochlorure de mercure resté sur

---

(¹) Dosage du carbone dans le fer, la fonte et l'acier. (*Annales de Chimie et de Physique*, 4ᵉ série, t. XIX, p. 90.)

le filtre. Or le poids du chlorure est tellement supérieur à celui du carbone qui s'y trouve disséminé que la correction peut être négligée ; au reste il est aisé de la faire, puisqu'il suffit de connaître le poids du chlorure resté sur le filtre.

Voici, comme exemple, le détail de quelques dosages exécutés par le procédé de la chloruration.

Fonte blanche manganésifère des forges du Ria (Pyrénées-Orientales).

3 grammes attaqués par 45 grammes de bichlorure ; le protochlorure, recueilli sur le filtre lavé et séché, pesait ... $24^{gr},33$

On constata qu'il en restait $0^{gr},38$ sur le filtre :

	gr
Matières charbonneuses obtenues dans la nacelle.....	0,115
Après combustion à l'air et réduction dans l'hydrogène, le résidu, formé en grande partie de silice très-peu colorée, a pesé	0,013
Carbone brûlé..........	0,102
Dans les $0^{gr},38$ de protochlorure, reste sur le filtre...	0,0016
	0,1036
Pour 1 gramme de fonte blanche..........	0,0345

Il n'y avait pas de graphite.

L'attaque ayant été faite dans un mortier de verre, il peut y avoir eu dans le résidu 0,013 de la silice introduite accidentellement.

Fonte grise de Ria obtenue à l'air chaud. — L'échantillon a été détaché en copeaux au moyen d'une raboteuse. On en a attaqué $1^{gr},5$ avec 24 grammes de bichlorure ; la trituration a été faite dans un mortier d'agate.

	gr
Charbon obtenu..........	0,0645
Après combustion à l'air et réduction, il est resté un résidu noir, pesant..........	0,0540
Carbone brûlé à l'air..........	0,0105
Après combustion dans l'oxygène et réduction, silice.	0,0050
Carbone brûlé dans l'oxygène ; graphite..........	0,0490

La cendre (0,005) était de la silice blanche d'une grande ténuité; par l'action de l'acide fluorhydrique, elle a disparu en totalité.

Cette silice venait du silicium combiné au fer, mais elle ne représentait pas tout le silicium de la fonte. C'est que, ainsi qu'il résulte d'expériences faites sur du siliciure de fer préparé en unissant directement le métalloïde avec le métal, pendant la chloruration, une partie de la silice devient soluble; cette solubilité partielle ne permet pas par conséquent de doser le silicium en même temps que le carbone ([1]). Dans 1 gramme de la fonte grise à l'air chaud, il y aurait :

	gr
Carbone..............................	0,0070
Graphite..............................	0,0327
Carbone total..........................	0,0397

En isolant le carbone de la fonte par l'intervention du bichlorure de mercure, on le dose exactement, en en constatant la nature. On sait si le carbone que l'on pèse est du *carbone combiné*, du graphite, ou un mélange des deux espèces, ce que n'apprend pas la combustion des fers carburés, bien que ce dosage emprunté, aux procédés de l'analyse des substances organiques, donne avec précision, le poids de la totalité du carbone dosé à l'état d'acide carbonique. Un inconvénient de ce dernier procédé, c'est qu'il exige beaucoup de temps; le métal mis à brûler doit être nécessairement à un état de division qu'il n'est pas toujours facile d'obtenir. On simplifie le dosage du carbone par la combustion en commençant par chlorurer le métal et, une fois la matière charbonneuse obtenue, on la brûle, en introduisant, sans la peser, la nacelle qui la contient dans

---

([1]) Dosage du carbone. (*Annales de Chimie et de Physique*, 4e série, t. XIX, p. 98.)

un tube traversé par un courant de gaz oxygène, en prenant d'ailleurs toutes les précautions employées pour opérer la combustion d'une matière organique, et en condensant dans un système de tubes à potasse l'acide carbonique produit ([1]).

Les pesées des fers carburés, dans lesquels on doit doser le carbone, peuvent être faites au trébuchet sensible à 1 milligramme; mais il est à désirer que, pour peser les carbones extraits par la chloruration, on dispose d'une balance accusant $\frac{1}{10}$ à $\frac{2}{10}$ de milligramme.

Les nacelles en platine dans lesquelles on place le protochlorure venant de la chloruration de 1 à 3 grammes de métal peuvent avoir $0^m,065$ de longueur, $0^m,008$ de largeur et $0^m,010$ de profondeur.

Quand on opère sur 5 à 6 grammes de métal, les nacelles ont nécessairement plus de capacité; on les remplace d'ailleurs avantageusement par une lame de platine relevée sur les bords.

Dans la fonte, dans certains aciers, le carbone est à deux états : combiné au fer, il faut la chloruration pour l'isoler, pour le mettre en évidence; disséminé dans le métal, soit en une poudre noire amorphe, soit en cristaux, c'est le graphite des métallurgistes. On verra plus loin qu'il y a tout lieu de croire que, lorsque la fonte est en fusion, tout le carbone est combiné, dissous, et que c'est pendant le refroidissement qu'une partie du carbone devient libre. Dans les fontes noires granulaires, on aperçoit fréquemment une multitude de lamelles de graphite. Ce carbone est moins abondant dans les fontes grises, dans les fontes *truitées*.

En dissolvant un fer carburé dans l'acide chlorhydrique, l'état du carbone est aussitôt révélé. Le carbone libre, le graphite résiste à l'action de l'acide; il forme un résidu

([1]) Dosage du carbone dans la fonte. (*Annales de Chimie et de Physique*, 4e série, t. XIX, p. 100.)

noir. Lorsque le fer ne renferme pas de graphite, mais uniquement du carbone combiné, il n'apparaît pas de dépôt charbonneux; le carbone est éliminé pendant la dissolution en communiquant au gaz hydrogène développé une odeur fétide caractéristique, due à des matières huileuses volatiles ([1]). Un acier fin dans lequel il n'entre ni graphite, ni laitier, est entièrement dissous. Une fonte grise traitée par l'acide émettra aussi du gaz fétide, tout en laissant un résidu charbonneux, si elle renferme le carbone sous les deux états.

En traitant un fer carburé par les acides, on parvient à en isoler le graphite, le carbone combiné étant éliminé

([1]) Proust, le premier, en 1799, attira l'attention sur la matière huileuse odorante développée pendant la dissolution de la fonte noire par un acide. Il reconnut qu'une partie de l'huile était entraînée par le gaz hydrogène, en lui communiquant l'odeur alliacée, tandis qu'une autre partie restait mêlée à un résidu charbonneux, d'où on pouvait l'extraire au moyen de l'alcool. En citant l'observation de Proust, M. Chevreul fit cette remarque que, dans cette circonstance, les forces chimiques donnent naissance à des composés analogues à ceux produits par l'organisme végétal. Des recherches récentes ont établi qu'il y a plus que de l'analogie dans ces composés, qu'il y a réellement identité : ce seraient, d'après M. Hahn, des hydrocarbures homologues de l'éthylène.

La formation de carbures d'hydrogène, durant la dissolution d'un fer carburé, résulte de l'union, à l'*état naissant*, du carbone avec l'hydrogène, entendant par *état naissant* l'état moléculaire auquel se trouve chacun des corps lorsqu'il sort d'une combinaison dans laquelle il est engagé. Pour que l'union ait lieu, il ne suffit pas, en effet, qu'un seul des corps soit à cet état moléculaire. Ainsi, dans la réaction, l'hydrogène produit par un acide agissant sur un mélange de fer pur et de graphite n'aura pas la moindre fétidité, le carbone libre n'étant plus dans la condition voulue pour être uni à l'hydrogène naissant. Il y a plus, le carbone amorphe, d'une extrême ténuité, extrait de l'acier fin dans lequel il était combiné au fer, ne détermine pas davantage une production d'hydrogène odorant, lorsque, après l'avoir incorporé à du zinc ou à du fer *pur*, on verse un acide dilué sur le mélange. Tout se passe autrement en dissolvant l'acier fin formé de fer uni chimiquement à 1, 10 ou 15 millièmes de carbone. Le gaz dégagé est fétide, parce que le carbone, au fur et à mesure qu'il devient libre, se combine à de l'hydrogène au même état moléculaire, l'état naissant, pour former des hydrocarbures.

pendant la dissolution du métal. Le graphite faisant partie du résidu insoluble peut être dosé en le brûlant dans le gaz oxygène, soit qu'on l'évalue par une perte de poids, soit que sa combustion ait lieu dans un appareil permettant de recueillir et de peser l'acide carbonique.

Bien que le dosage du graphite mêlé au carbone combiné, fondé sur la différence de combustibilité des deux carbones, ait paru suffisamment exact, on a cru, néanmoins, devoir en comparer les résultats à ceux que donne la séparation préalable du graphite suivie de sa combustion. L'expérience a été faite sur un acier cémenté deux fois.

I. $1^{gr},5$ d'acier attaqué par le bichlorure de mercure.

	gr
Matière charbonneuse retirée	0,030
Après combustion à l'air et réduction, résidu graphitique	0,013
Carbone combiné brûlé à l'air	0,017
Après combustion dans l'oxygène et réduction, silice...	0,005
Carbone brûlé dans l'oxygène, graphite........	0,008

II. 5 grammes du même acier ont été traités par l'acide chlorhydrique; après la dissolution on a fait bouillir pendant un quart d'heure. Le résidu insoluble était noir foncé; on l'a recueilli sur un tampon d'asbeste calciné, dont on connaissait le poids.

	gr
Lavé et séché, le résidu noir a pesé................	0,058
Après combustion dans l'oxygène, obtenu, silice blanche	0,025
Graphite brûlé............	0,033

Rapportant à 1 gramme d'acier deux fois cémenté, on a

	I.	II.
Graphite....	0,0053	0,0066

On voit qu'en enlevant tout le fer du résidu laissé par

l'acide, le graphite diffère peu de celui qui a été trouvé par la chloruration.

En isolant le carbone du fer au moyen du bichlorure de mercure, on parvient à en doser des quantités tellement faibles qu'elles passeraient inaperçues par les procédés basés sur la combustion. Ainsi le fil de fer désigné sous le nom de *fil de carde* est considéré comme étant exempt de carbone; c'est effectivement un métal très-peu carburé.

	gr
1 gramme attaqué par le bichlorure a laissé, après l'expulsion du protochlorure de mercure et la réduction, charbon noir extrêmement divisé	0,0010
Après la combustion à l'air et réduction, silice blanche	0,0006
Carbone brûlé	0,0004

En brûlant 1 gramme du fil de carde dans un tube à combustion, l'acide carbonique qu'on aurait recueilli eût à peine affecté le poids des appareils à potasse disposés pour absorber ce gaz. Cependant ces $\frac{4}{10}$ de milligramme de carbone étaient très-visibles : ils couvraient le fond de la nacelle sur une longueur de 2 centimètres. Le carbone eût-il pesé 20 fois moins qu'il n'aurait pas échappé à la vue; d'où il est permis de conclure que, par la réaction du bichlorure, non-seulement on arrive à doser le carbone avec une grande exactitude, mais encore à en mettre en évidence, dans le fer, les plus infimes proportions, par le volume qu'elles occupent, à cause de leur ténuité comparable à celle du noir de fumée (1).

Les nacelles en platine, dans lesquelles le carbone reste après la volatilisation du chlorure de mercure, éprouvent de légers changements dans leur poids; il est par conséquent inutile d'en prendre la tare. Comme le carbone est

(1) Dosage du graphite dans les fers carburés. (*Annales de Chimie et de Physique*, 4e série, t. XX, p. 243.)

évalué par différence, on n'a pas besoin de connaître le poids de la nacelle durant le cours des opérations. La nacelle, avec le carbone qu'elle contient après l'expulsion du chlorure de mercure dans le courant de gaz hydrogène, est placée sur l'un des plateaux de la balance qu'on met en équilibre. Après la combustion du carbone et la réduction dans le gaz hydrogène, la nacelle est replacée sur le plateau, et les poids qu'il faut ajouter pour rétablir l'équilibre représentent le poids du carbone brûlé. Comme exemple, je transcrirai la pesée du carbone fournie par une fonte blanche lamellaire :

2 grammes de fonte traités par le bichlorure de mercure :

Après l'expulsion du chlorure par le gaz hydrogène, nacelle posée sur la balance avec.	gr 0,200	en avant
Après la combustion à l'air et réduction par l'hydrogène, nacelle et silice blanche....	0,2765	en avant
Carbone combiné disparu....	0,0765	
Après avoir retiré la silice, nacelle vide.	0,2810	en avant
Silice...............	0,0045	

Dans le traitement d'un fer carburé par le bichlorure pour en isoler le carbone, le métal est transformé en chlorure soluble. Je dois maintenant examiner si certains métaux que l'on rencontre quelquefois en faibles proportions dans la fonte, dans les aciers, peuvent apporter une perturbation dans la réaction du sel de mercure. Ces métaux sont le nickel, le cuivre, le chrome, le tungstène; le manganèse, on l'a vu, n'entrave en rien la marche du procédé. Il en est ainsi du nickel signalé dans certaines fontes. J'ai eu, en effet, l'occasion de constater que les fers météoriques, dans lesquels ce métal entre pour 7 à 10 centièmes, sont rapidement attaqués par le bichlorure de mercure, avec production du chlorure de nickel qui est dissous avec le chlorure de fer. Les fontes renfermant des traces de cuivre sont chlorurées sans difficulté; et si pendant la trituration il y a, par l'action de l'air, formation d'oxychlorure de cuivre, il suffit, la chloruration achevée, de verser quelques gouttes d'acide chlorhydrique pour reconstituer du chlorure soluble.

Il n'est pas rare de trouver du chrome dans la fonte. Ce métal, alors qu'il est isolé, est dissous par l'acide chlorhydrique avec dégagement de gaz hydrogène; allié au fer, sa dissolution s'opère très-rapidement. On devait donc prévoir que le sublimé corrosif chlorurerait les fontes chromifères : c'est, en effet, ce qui arrive. Le sel de chrome formé communique une teinte verte caractéristique à la solution métallique.

Dans une fonte de Médellin (Amérique méridionale), d'une teneur exceptionnelle en chrome, on a pu doser très-exactement le carbone. Dans cette fonte blanche, à petites facettes, l'analyse avait indiqué :

	gr
Carbone combiné	4,40
Graphite	0,00
Manganèse	0,84
Chrome	1,95
Silicium	0,75
Phosphore	0,07
Soufre	traces
Arsenic	0,00
Azote	0,01
Vanadium	traces
Fer	92,50
	100,52

Depuis quelques années, on fait entrer du tungstène dans la composition de certains aciers fondus, auxquels il communique des qualités particulières. La présence de ce métal est un obstacle au dosage du carbone par chloruration, qu'expliquent quelques-unes de ses propriétés que je vais rappeler.

Le tungstène n'est pas attaqué par les acides sulfurique et chlorhydrique dilués. L'eau régale le transforme en acide tungstique; en maintenant pendant longtemps la liqueur acide en ébullition, l'acide tungstique devient absolument insoluble dans les acides forts; mais il est dissous aisément dans l'ammoniaque. Il y a là un moyen de séparer le tungstène du fer.

Calciné à l'air, le tungstène est changé en acide tungstique que, au rouge blanc, l'hydrogène réduit à l'état métallique; au rouge naissant, il donne un oxyde brun; au-dessous du rouge, un oxyde bleu. On conçoit que l'acide tungstique, réduit par l'hydrogène à de basses températures, produise le plus souvent un mélange de ces deux oxydes.

Au rouge sombre, le chlore s'unit au tungstène, en formant des chlorures fusibles, volatils que l'eau décompose; il en résulte de l'acide tungstique et de l'acide chlorhydrique. En soumettant un mélange d'acide tungstique et de charbon chauffé au rouge à l'action du chlore, on obtient des oxychlorures.

D'après les propriétés que je viens de signaler, on comprend comment le tungstène allié à l'acier apporte une perturbation dans le dosage du carbone. Admettons, comme cela paraît être le cas, que, après la trituration avec le bichlorure de mercure et la séparation du chlorure de fer par l'eau, du tungstène métallique reste avec le protochlorure de mercure dans lequel le carbone est disséminé. Le mélange séché sera d'abord chauffé au rouge dans un courant d'hydrogène, puis ensuite chauffé à l'air après avoir été pesé, pour brûler le carbone combiné; mais alors le tungstène, étant changé en acide tungstique pendant cette combustion, augmentera de poids, et le gain en oxygène compensera en tout ou en partie la perte résultant de la combustion du carbone. Il pourrait même arriver que, après l'opération, la matière pesât plus qu'avant. Cela dépendra nécessairement des quantités respectives de tungstène et de carbone en présence. Il y a plus, du graphite, s'il y en avait dans le mélange, brûlerait probablement, l'acide tungstique étant un comburant énergique à cause de la facilité avec laquelle il est ramené à un moindre degré d'oxydation. Quand le tungstène allié à l'acier ne dépasse pas quelques millièmes, la perte en carbone est assez faible pour être négligée; c'est ce qu'établissent des dosages comparatifs faits par la chloruration et par la combustion directe.

Les aciers tungstènes provenaient de l'usine J. Holtzer; ils étaient remarquables par la finesse du grain, par leur dureté après la trempe.

I. Acier tenant 0gr,00952 de tungstène :

Par la chloruration on avait retiré, carbone combiné. 0gr,0090

2 grammes d'acier en copeaux, contenus dans une nacelle de platine, ont été introduits dans un tube que traversait un courant d'oxygène sec et exempt d'acide carbonique. Le gaz, en sortant du tube maintenu au rouge sombre d'abord, puis plus tard au rouge-cerise, passait dans un petit tube en U, chargé de ponce sulfurique, *tube témoin,* pour s'assurer de la siccité de l'oxygène; à la suite du tube en U à ponce sulfurique, il y avait un laveur à boule chargé d'une solution de potasse, pour condenser le gaz acide carbonique; à ce laveur était adapté un tube à ponce sulfurique, pour retenir la vapeur aqueuse émanant de la solution de potasse. En un mot, l'appareil était celui avec lequel on dose, par combustion, le carbone des matières organiques :

	Acide carbonique pesé.
Trois heures après le commencement de la combustion	$0^{gr},065$
Quatre heures après	0,081
Cinq heures après	0,085

Le poids du laveur à potasse n'a plus augmenté.

	Carbone.
Acide carbonique $0^{gr},085$	$0^{gr},02318$
Pour 1 gramme d'acier tungstène	0,01159
Par la chloruration, on avait	0,00900
Différence	0,00259

II. Acier tenant 0,01189 de tungstène :

Par la chloruration, on avait retiré carbone ... $0^{gr},0100$

2 grammes d'acier en copeaux, brûlés dans un courant d'oxygène, ont donné :

	Acide carbonique.
Après trois heures	$0^{gr},093$
Après quatre heures	0,094
Après cinq heures	0,094

	Carbone.
Acide carbonique, $0^{gr},094$	$0^{gr},02563$
Pour 1 gramme d'acier tungstène	0,01281
Par la chloruration, on avait	0,01000
Différence	0,00281

On a fait un dosage comparatif dans un acier fortement carburé, dans lequel il entrait moins de 1 centième de tungstène; en voici la composition :

Carbone combiné	$0^{gr},01668$
Graphite	0,00000
Silicium	0,00110
A reporter	0,01778

Report...	$0^{gr},01778$
Soufre....................	0,00000
Phosphore..................	0,00013
Manganèse..................	0,00066
Tungstène..................	0,00485
Fer (dosé).................	0,97730
	1,00072

	Carbone.
2 grammes d'acier ont donné, par la chloruration.	$0^{gr},0348$
Pour 1 gramme..................	0,0174
2 grammes d'acier ont donné, par la combustion, acide carbonique, $0^{gr},1224$..............	0,0334
Pour 1 gramme..................	0,0167

La différence n'atteint pas 1 milligramme.

Lorsque le tungstène est allié à un fer carburé en très-forte proportion, le dosage du carbone par la chloruration devient tout à fait impossible. L'oxygène de l'acide tungstique formé pendant l'opération brûle, comme je l'ai dit, le carbone et même le graphite en tout ou en partie.

IV. Un alliage de tungstène et de fer, d'un gris noir, à structure cristalline, assez dur pour rayer le quartz, contenant :

Fer (dosé)..................	$64^{gr},30$
Tungstène..................	26,66
Manganèse..................	1,60
Niobium..................	5,04
Silicium..................	0,50
Graphite..................	2,50
Carbone combiné..............	0,00
Soufre..................	0,00
	100,60

$1^{gr},25$ d'alliage en poudre a été trituré avec 20 grammes de bichlorure de mercure convenablement humecté. L'attaque a été fort lente : le tungstène est resté à l'état métallique. En suivant la prescription du procédé, on trouva $0^{gr},004$ de carbone. Ce résultat étant inacceptable, on procéda au dosage du carbone par la combustion.

1 gramme d'alliage mis dans le courant d'oxygène donna :

En une demi-heure, acide carbonique...	$0^{gr},0918$
En une heure et demie...............	0,0918
Acide carbonique $0^{gr},0918$ = carbone.	$0^{gr},025$

La combustion a été bien plus rapide que si l'on eût brûlé le carbone de l'acier ou de la fonte ; en moins d'une heure elle était terminée ; c'est certainement à cause de la présence d'une assez forte quantité d'acide tungstique produit durant l'oxydation.

Le carbone dosé était du graphite. En attaquant l'alliage par l'acide sulfurique étendu de 5 volumes d'eau, le fer a été dissous, et le gaz hydrogène développé était absolument sans odeur ; il n'y avait pas, par conséquent, de carbone combiné.

Indépendamment de ce que, en brûlant le carbone, on le dosera dans un acier tungstène plus exactement que par la chloruration, il y a une autre considération pour adopter la combustion : c'est que sur le même échantillon d'acier on peut doser à la fois le carbone et le tungstène. Il suffit, la combustion achevée, de recueillir la matière de la nacelle dans laquelle l'acier a été brûlé, de la traiter par l'eau régale, d'entretenir l'acide en ébullition pendant quelques heures. Le fer, le manganèse, etc., étant dissous, l'acide tungstique, devenu insoluble dans l'acide, est jeté sur un filtre et lavé ; après le lavage, on le dissout dans l'ammoniaque : la dissolution ammoniacale évaporée laisse l'acide tungstique. 100 de cet acide représenteront 79,3 de tungstène, en adoptant 92 pour l'équivalent de ce métal donné par M. Dumas.

§ III.

Dosage du silicium.

Le procédé le plus usité pour doser le silicium dans les fers carburés consiste à attaquer par l'acide chlorhydrique, en faisant intervenir l'acide nitrique ou le chlorate de potasse pour oxyder le métal. La dissolution acide est évaporée à siccité; le résidu, chauffé modérément, est traité par l'acide chlorhydrique faible qui ne dissout plus la silice; ou bien le fer carburé, la fonte, par exemple, est oxydée par l'acide nitrique; le silicium, le carbone combiné, le graphite sont brûlés. Le résidu provenant de l'évaporation de la dissolution nitrique est porté au rouge naissant et repris par l'acide sulfurique dilué, et cette solution, mise à évaporer, est concentrée jusqu'à l'apparition de vapeurs blanches. On étend d'eau et l'on recueille sur un filtre la silice devenue insoluble. Lorsque, dans le traitement d'une fonte, on obtient quelques centigrammes de silice, l'attaque par les acides conduit à un dosage convenable. Il n'en est plus ainsi quand le poids de la silice à recueillir est de quelques milligrammes : on doit alors se demander si toute cette silice vient bien réellement du silicium engagé dans le métal, si elle n'a pas été apportée par les acides employés, ou fournie par les vases dans lesquels on fait réagir ces acides.

Pour doser les faibles quantités de silicium qui accompagnent le carbone dans les aciers, je ne crois pas qu'on doive faire usage de la voie humide. J'ai donné la préférence à la voie sèche.

L'acier est soumis successivement à l'action de deux gaz, à la température rouge : l'air atmosphérique, pour brûler le fer, le carbone, le silicium; le gaz chlorhydrique sec, pour transformer et enlever le métal oxydé à l'état de chlorure. L'opération comporte par conséquent deux phases. Quand on veut, ainsi que cela a été recommandé, oxyder et chlorurer simultanément en faisant passer sur de l'acier chauffé au rouge un courant de gaz chlorhydrique mêlé à de l'air, on ne retire jamais toute la silice correspondant au silicium contenu, et fréquemment on n'en retire pas du tout. Cela tient à ce que la chloruration du fer est beaucoup plus rapide que l'oxydation, et à ce que le silicium uni au fer est transformé en chlorure lorsque le gaz chlorhydrique l'atteint avant qu'il ait été oxydé.

Je décrirai d'abord le procédé tel qu'il a été pratiqué, ensuite j'indiquerai les légères modifications qu'on y a apportées.

Oxydation.

Le métal en limaille ou en copeaux est mis dans une nacelle de platine que l'on porte sous le moufle d'un fourneau d'essayeur chauffé à la température exigée pour la coupellation ; en quelques heures le fer passe à l'état d'oxyde des battitures. C'est sans doute une opération assez longue, mais elle ne demande aucune surveillance. Sous un moufle on peut faire à la fois plusieurs oxydations.

L'augmentation de poids est ordinairement de $0^{gr},35$ et $0^{gr},36$ pour 1 gramme de fer : c'est plus que ce que donnerait une transformation en oxyde des battitures, parce qu'il y a production d'une certaine quantité de sesquioxyde.

Chloruration.

Pour dégager la silice de l'oxyde de fer, la nacelle est portée du moufle dans un tube de platine posé sur une grille à gaz, et traversé par un courant continu de gaz chlorhydrique sec (*fig.* 4).

C est un ballon supporté par un bain de sable et contenant des fragments de sel marin fondu, sur lesquels on fait tomber peu à peu de l'acide sulfurique concentré au moyen de l'entonnoir à robinet D. Le gaz chlorhydrique, en partant du ballon C, traverse une couche d'acide sulfurique contenue dans l'éprouvette E, avant de pénétrer dans le tube de platine maintenu au rouge. A l'extrémité F est adapté un ballon dont une des tubulures effilée G plonge de quelques millimètres dans l'eau du flacon H. Le dégagement du gaz chlorhydrique est assuré et régularisé par

Fig. 4.

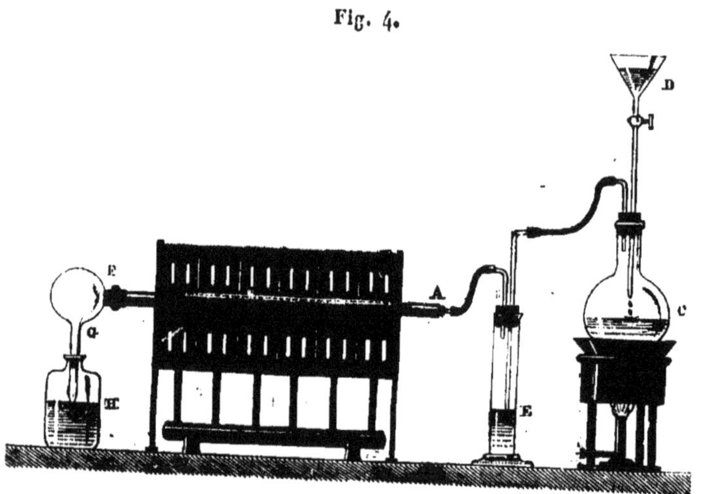

des additions successives d'acide sulfurique, en chauffant ou en laissant refroidir le ballon C.

Lorsque l'on juge l'opération achevée, on retire la nacelle, quitte à la replacer dans le tube si quelques points d'oxyde avaient échappé à l'action de l'acide. L'élimination du fer est d'autant plus rapide que la température est plus élevée : aussi y a-t-il avantage à porter le tube de platine au rouge-cerise vif.

La silice qu'on trouve dans la nacelle est parfaitement blanche, très-divisée; elle conserve la forme qu'avait l'oxyde quand on l'a retiré du moufle. Si cette silice vient d'un fil de fer disposé en spirale, la silice conserve la forme de cette spirale; dans cet état de ténuité, on ne saurait mieux la comparer qu'au linéament de cendre que laisse un fil de lin après une combustion accomplie dans une atmosphère calme.

La silice est mise encore chaude dans un étui de verre (*fig.* 5) pour être pesée à l'abri de l'air; après on s'as-

Fig. 5.

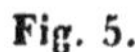

sure de sa pureté, en versant dans la nacelle de l'acide fluorhydrique additionné d'une goutte d'acide sulfurique pur; dans tous les dosages de silicium faits jusqu'à présent dans mon laboratoire sur le fer et l'acier, la silice a disparu par ce traitement; mais il est des fontes qui laissent une matière siliceuse que l'acide fluorhydrique ne fait pas toujours disparaître entièrement; c'est vraisemblablement du laitier empâté dans le métal [1].

La silice SiO^3 contient :

			gr
Silicium..........	21	pour 1	0,467
Oxygène........	24		0,533
	45		1,000

Dans un acier fondu et forgé, on a dosé comparativement le silicium par la voie sèche et par la voie humide.

(1) Il y aurait un moyen, si cela était nécessaire, de s'assurer de la présence du laitier, des scories dans les fers carburés : ce serait de les soumettre au rouge, à un courant de gaz chlorhydrique sans oxydation préalable. Le fer serait alors entraîné avec le silicium combiné, le laitier resterait avec du carbone et du graphite.

I. 1 gramme d'acier mis sous le moufle a pesé, après l'oxydation, $1^{gr},39$:

Silice retirée, très-blanche ...... $0^{gr},0020$

II. 1 gramme d'acier a été oxydé par l'acide nitrique, l'oxyde dissous par l'acide sulfurique étendu; la dissolution concentrée a laissé de la silice insoluble qu'on a reçue sur un filtre.

	gr
Silice et cendres du filtre	0,005
Cendres du filtre	0,002
Silice................	0,003

La couleur rose de la silice indiquait la présence du sesquioxyde de fer.

Comme résultat on aurait :

	I.	II.
Silicium.........	$0^{gr},00093$	$0^{gr},0014$

Traitée par l'acide fluorhydrique, la silice I a complétement disparu, la silice II a laissé une tache brune.

On a reconnu que l'oxydation préalable du fer carburé, dans un courant de gaz oxygène, a lieu si rapidement, que l'emploi de ce gaz doit être préféré à celui de l'air atmosphérique.

L'oxygène passe dans un tube de platine où est placé le fer ou l'acier, dans une nacelle.

1 gramme de fer, dans cette combustion intense, a augmenté d'environ $0^{gr},36$.

On peut placer deux nacelles dans un tube (1). J'ai dit que, dans la plupart des dosages de silicium, la silice obtenue disparaissait par l'action de l'acide fluorhydrique; sa blancheur attestait d'ailleurs l'absence du fer. J'en ai été

(1) Dans le cas où il y aurait plusieurs oxydations à exécuter, il serait facile de disposer le moufle d'un fourneau d'essayeur de manière à y faire arriver un courant de gaz oxygène.

d'autant plus surpris que presque tous les fers, et particulièrement les fontes examinés, contenaient un peu de phosphore; je m'étais attendu à rencontrer dans la silice recueillie des indices d'oxyde de fer uni à l'acide phosphorique, ou tout au moins des traces d'acide phosphorique, dans la supposition où le gaz chlorhydrique eût chloruré le fer engagé dans le phosphate : il n'en a rien été; généralement la silice était pure. C'est que, ainsi que je l'ai constaté, pour la première fois, en dosant le silicium dans l'acier Wootz, le phosphore est entraîné avec le chlorure de fer par le courant de gaz chlorhydrique. Dans l'eau très-acide du flacon H (*fig.* 4), dans laquelle on avait fait passer tout le chlorure de fer, le nitrate ammoniacocérique occasionna un précipité gélatineux indiquant nettement la présence de l'acide phosphorique.

Des cristaux de vivianite, formés de $0^{gr},28$ d'acide phosphorique et $0^{gr},42$ de protoxyde de fer, disparaissent quand ils sont exposés au rouge dans un courant de gaz chlorhydrique [1]. Il semble donc évident que le peu de phosphore que renferment le fer et l'acier est entraîné en même temps que le métal par le gaz chlorhydrique agissant à une température élevée.

Je consignerai ici les résultats de plusieurs dosages de silicium exécutés par la voie sèche :

	Fer mis à brûler.	Poids de l'oxyde.	Silice retirée.	Silicium.
	gr	gr	gr	gr
Fer de Suède en barre : I......	1	1,32	0,0035	0,00164
II......	1	1,34	0,0040	0,00187
Fer puddlé à Unieux : I........	1	1,40	0,0020	0,00093
II.........	2	2,86	0,0038	0,00180
Fer de cardes..................	1	1,32	0,0040	0,00190

(1) On a opéré sur $0^{gr},1$ de cristaux de vivianite, le tube traversé par le courant étant maintenu au rouge-cerise très-vif.

	Fer mis à brûler.	Poids de l'oxyde.	Silice retirée.	Silicium.
	gr	gr	gr	gr
Fil de fer très-fin	1	1,32	0,0050	0,00230
Acier fondu Unieux en lingot	1	1,38	0,0015	0,00070
Acier fondu Krupp	1	1,22	0,0095	0,0044
Ressorts de montre	1,051	1,43	0,0010	0,00047
Acier Wootz (1) : I	1,5	1,97	0,0020	0,00093
II	1,5	1,97	0,0020	0,00093
Acier Wootz (2)	1,5	2,05	0,0025	0,00117
Fonte grise Ria : I	2	2,72	0,060	0,0280
II	2,5	3,40	0,064	0,0300
Fonte blanche Ria : I	1	1,34	0,0070	0,0033
II	1	1,34	0,0075	0,0035
III	1	1,31	0,0065	0,0031

La silice de ces fontes, très-blanche, a disparu par l'action du fluor.

§ IV.

Dosage du soufre.

Pour doser le soufre dans les fontes, et à plus forte raison dans le fer et l'acier qui n'en contiennent souvent que des traces, je ne crois pas qu'il convienne de le transformer d'abord en acide sulfurique par les oxydants, pour ensuite le précipiter par un sel de baryte (3). Il me paraît préférable de le dégager de l'acide sulfhydrique que l'on développe en dissolvant le métal par un acide. Le gaz hydro-

(1) Collection de l'École des Mines, remis par M. Gruner.

(2) Remis par M. Peligot.

(3) En attaquant le fer par un acide dans un matras, on est exposé à dissoudre un sulfate alcalin que l'on rencontre dans presque tous les produits de la verrerie. Dans les analyses des fers carburés et, en général, de toutes les matières de l'industrie métallurgique, il faut, autant que cela est possible, employer des vases en platine. Dans bien des résultats d'analyses de fonte, on voit figurer, comme parties constituantes, l'aluminium, le calcium, qui vraisemblablement viennent de l'alumine, de la chaux que les acides enlèvent au verre dans lequel on dissout le métal.

gène renfermant l'acide sulfhydrique est dirigé dans une solution métallique où il se forme un sulfure.

On a proposé, comme dissolution métallique, une solution ammoniacale de chlorure de cuivre ou de sous-acétate de plomb. Je préfère le nitrate d'argent.

Le métal en limaille ou en copeaux est introduit dans un matras d'essayeur A (*fig.* 6) fermant avec un liége tra-

Fig. 6.

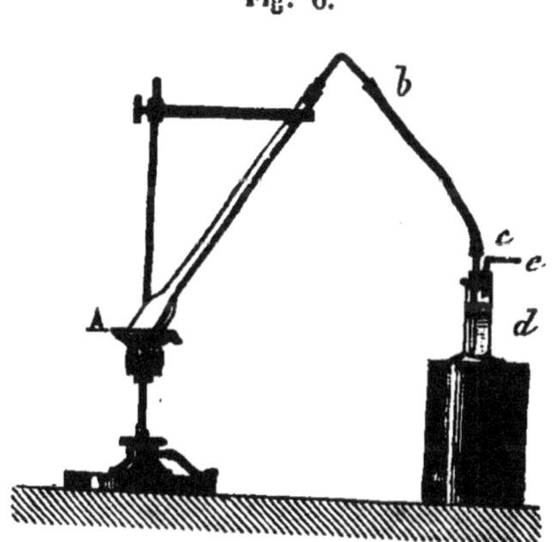

versé par un tube de verre courbé *b*, s'ajustant à un caoutchouc non vulcanisé. Le caoutchouc reçoit un tube de verre effilé à son extrémité inférieure *c*, plongeant dans une solution de nitrate d'argent contenue dans l'éprouvette *d*. 100 grammes de la dissolution renferment 4 grammes de nitrate d'argent et assez d'acide nitrique pour déterminer une réaction sensiblement acide.

Pour chaque gramme de fer carburé mis dans le matras A on emploie 25 centimètres cubes d'acide sulfurique au sixième, c'est-à-dire un mélange de 1 volume d'acide sulfurique monohydraté et de 5 volumes d'eau. Aussitôt après avoir versé l'acide dilué, le col du matras est mis en communication avec l'éprouvette *d*, au moyen du caoutchouc s'ajustant en *c*.

Le dégagement du gaz a d'abord lieu à froid ; lorsque

l'air de l'appareil est expulsé, la solution de nitrate d'argent prend une teinte brune, pour peu que le gaz renferme de l'acide sulfhydrique. Bientôt apparaissent des flocons de sulfure; on chauffe modérément quand le dégagement du gaz se ralentit; la chaleur doit être appliquée de manière que le courant d'hydrogène ne traverse pas trop rapidement la dissolution métallique. Lorsque cesse le dégagement gazeux, on fait bouillir pendant quelques instants afin que la vapeur aqueuse entraîne le gaz sulfhydrique dans l'éprouvette *d*; puis, sans faire cesser l'ébullition, on sépare le caoutchouc du tube de verre *c*, afin de prévenir l'absorption, lors du refroidissement. Le soufre de l'acide sulfhydrique produit durant l'attaque du métal carburé est retenu en *d*, à l'état de sulfure d'argent. Dans plusieurs expériences on a relié, au moyen du tube *e* donnant issue au gaz hydrogène, l'éprouvette *d* à une seconde éprouvette contenant une solution de nitrate d'argent. Généralement cette solution a bruni faiblement, mais avec le fer, les fontes, les aciers sur lesquels on opérait, on n'eut jamais assez de sulfure d'argent pour qu'il fût possible de le recueillir.

Le sulfure déposé en *d* est reçu sur un double filtre fait avec du papier Berzélius; son poids est si faible que la composition de la dissolution argentique où il a été formé n'est pas sensiblement modifiée : on peut la faire servir à d'autres opérations; le premier liquide écoulé est, par conséquent, mis en réserve; on procède alors à l'enlèvement et au lavage du sulfure d'argent. On fait passer de l'eau dans le tube effilé *c*, en détachant à l'aide d'une barbe de plume le sulfure adhérent. Le sulfure rassemblé sur le double filtre est lavé à l'eau chaude, jusqu'à ce que l'eau de lavage ne soit plus troublée par l'acide chlorhydrique, puis on le sèche à l'étuve.

Le filtre intérieur portant le sulfure est séparé du filtre extérieur; chaque filtre est brûlé à part dans un petit vase en platine. L'argent métallique laissé par le filtre intérieur est pesé à une balance accusant $\frac{1}{10}$ de milligramme. Du poids de l'argent on retranche le poids des cendres du filtre extérieur. Il ne faudrait pas, ainsi qu'on fait ordinairement en analyse minérale, prendre pour le poids des cendres du filtre celui des cendres laissées par du papier à filtre pesant autant que le filtre. On a reconnu que le filtre extérieur donne toujours un peu plus de cendres : c'est que, quel que soit le lavage, le papier à travers lequel a passé la dissolution de nitrate retient du sel d'argent, ses cendres renferment de l'argent métallique. Cette adhérence du nitrate à la cellulose est probablement due à un effet analogue à celui qui a lieu dans la teinture des tissus.

108 grammes de métal représentent 16 grammes de soufre, d'après la constitution du sulfure d'argent. Cette grande différence entre les équivalents du métal et ceux du métalloïde offre cet avantage, qu'une erreur de 1 dans la pesée de l'argent n'occasionnerait qu'une erreur de 0,15 sur le poids du soufre.

En opérant sur 2 grammes de fer, de fonte ou d'acier, on obtient assez d'argent pour arriver à un résultat satisfaisant dans le dosage du soufre.

2 grammes d'un fer de Suède ont produit une quantité de sulfure qui a donné :

Argent métallique.	Soufre.	Pour 1 gramme, soufre.
$0^{gr},0074$	$0^{gr},0011$	$0^{gr},00055$

De 2 grammes d'une fonte blanche de Ria on a retiré, après la calcination du sulfure :

Argent métallique.	Soufre.	Pour 1 gramme, soufre.
$0^{gr},0135$	$0^{gr},0020$	$0^{gr},0010$

§ V.

Dosage du phosphore.

Le phosphore est toujours en minime quantité dans le fer en barre et dans les fers carburés, aussi son dosage présente-t-il de sérieuses difficultés. Les procédés sont nombreux ; je me limiterai à décrire ceux que l'on pratique dans mon laboratoire.

Dosage du phosphore en faisant intervenir le cérium.

Ce dosage est fondé sur l'insolubilité du phosphate cérique dans l'acide nitrique, constatée par MM. Damour et Henri Sainte-Claire Deville ([1]).

5 grammes du fer carburé sont attaqués, dans une capsule en platine, par l'acide nitrique ; on évapore et l'on calcine. L'oxyde est broyé dans le mortier d'agate et mélangé avec 25 grammes de carbonate de soude sec et *pur*. Le mélange, remis dans la capsule, est fondu au rouge blanc. On maintient en fusion pendant vingt minutes ; après le refroidissement la fritte concassée est mise à bouillir dans de l'eau. On jette sur un filtre, on lave à l'eau chaude ; la liqueur alcaline est neutralisée par de l'acide nitrique *pur*. Quand la neutralité est atteinte, on la détruit en ajoutant huit à dix gouttes d'acide nitrique, afin d'avoir une réaction franchement acide. On verse alors peu à peu une solution de nitrate ammoniacocérique faite au moment de s'en servir ; on en met tant qu'il apparaît un trouble dans la liqueur. Après un certain temps, le phosphate de cérium est rassemblé en flocons ; on le fait tomber sur un petit filtre. Le phosphate lavé est dissous encore humide, dans 7 à 8 cen-

([1]) *Annales de Chimie et de Physique*, 3e série, t. LXI.

timètres cubes d'une dissolution saturée d'acide oxalique. On remet plusieurs fois sur le filtre le liquide qui l'a traversé, en détachant avec une barbe de plume le précipité adhérent d'oxalate de cérium. Ce précipité est lavé avec 10 centimètres cubes d'eau. Le liquide filtré, y compris l'eau du lavage, est additionné d'ammoniaque jusqu'à sursaturation, puis on y verse du chlorure de magnésium et on laisse en repos pendant quelques heures.

Le phosphate ammoniacomagnésien obtenu renferme un peu de silice et d'oxalate de magnésie. En cet état, il est recueilli, lavé à l'eau ammoniacale, séché et calciné.

Le pyrophosphate est dissous par de l'acide chlorhydrique faible. On évapore à sec pour rendre la silice insoluble. On reprend par quelques gouttes d'acide chlorhydrique mises dans 10 centimètres cubes d'eau. La silice est séparée par le filtre, on la lave avec 3 ou 4 centimètres cubes d'eau, et l'on met dans la liqueur filtrée exempte de silice de l'ammoniaque en excès. On a alors du phosphate ammoniacomagnésien pur, lequel, recueilli, lavé à l'eau ammoniacale, séché et calciné, donne le pyrophosphate de magnésie dosant l'acide phosphorique et, par conséquent, le phosphore contenu dans le métal.

Ce procédé donne de bons résultats, mais il exige beaucoup de temps : c'est la présence du silicium dans le fer qui le complique. L'élimination de la silice est d'autant plus nécessaire, que généralement le poids du silicium dépasse celui du phosphore.

1 gramme de pyrophosphate de magnésie représente 0,2792 de phosphore.

Le nitrate ammoniacocérique est un excellent agent pour isoler l'acide phosphorique de la grande quantité de fer à laquelle il est mêlé dans la dissolution d'un fer carburé. Un dosage exact n'est réellement possible qu'après cet isolement, lorsque l'acide du phosphore est uni à une base alcaline. En dehors de cette condition, le sel de cérium

3.

est un réactif qualitatif, décelant le phosphore, mais n'en permettant pas le dosage. C'est surtout comme *concentrateur* de l'acide phosphorique que l'on en tire parti dans l'analyse minérale.

Dosage du phosphore par le molybdate d'ammoniaque.

Le précipité formé par le molybdate d'ammoniaque dans une solution de fer contenant de l'acide phosphorique possède une composition constante si, pour l'obtenir, on prend certaines précautions, particulièrement dans la préparation de la liqueur molybdique. Voici le procédé suivi par M. Eggertz : l'acide molybdique est mis en digestion dans de l'ammoniaque d'une densité de 0,95, à la température de + 16° :

En poids : 1 partie d'acide.
» 4 parties d'ammoniaque.

On filtre et l'on verse goutte à goutte dans 15 parties d'acide nitrique d'une densité de 1,2.

1 centimètre cube de la dissolution acide renferme alors 0gr,06 d'acide molybdique.

Pour doser le phosphore dans le fer avec cette liqueur molybdique, M. Eggertz dissout 1 gramme de métal dans 12 centimètres cubes d'acide nitrique; on évapore à sec, le résidu est repris par un mélange de 2 centimètres cubes d'acide nitrique et de 2 centimètres cubes d'acide chlorhydrique; après addition de 4 centimètres cubes d'eau, on filtre et on lave de manière à n'avoir pas plus de 15 à 20 centimètres cubes de liquide, dans lequel on ajoute 2 centimètres cubes de liqueur molybdique. On laisse digérer pendant trois heures à la température de 40 degrés, en agitant de temps à autre. Le précipité est reçu sur un filtre taré, lavé à l'eau faiblement acidulée par de l'acide nitrique, séché et pesé; 100 du précipité sec correspondent à 1,63 de phosphore.

Ce procédé, tel qu'il vient d'être décrit, ne donne pas toujours des résultats concordants. Les quantités de phosphore dosées dans le même fer, dans le même acier, ont souvent été assez différentes, et plusieurs fois il est arrivé que la liqueur molybdique n'a pas fait naître de précipité dans des dissolutions de fer renfermant cependant d'appréciables proportions de phosphore. Cela tient certainement à ce que de très-fortes quantités de fer se trouvent en présence de très-faibles quantités d'acide phosphorique. En effet, en éliminant le fer, en faisant passer l'acide phosphorique dans la soude, mon préparateur, M. A. Müntz, est parvenu à régulariser le dosage du phosphore uni au fer, en faisant usage de la liqueur molybdique. Je crois qu'avec cette modification le procédé par le molybdate d'ammoniaque peut être employé avec succès pour doser le phosphore dans les fers carburés. Voici comment on opère :

1 gramme d'acier est attaqué, dans une capsule de platine, par 15 centimètres cubes d'acide nitrique à 1,20 de densité, étendu de son volume d'eau; après dissolution complète, on évapore à sec et l'on calcine au rouge sombre. L'oxyde de fer obtenu est broyé dans un mortier d'agate et mélangé avec 8 grammes de carbonate de soude sec et pur. On verse ce mélange dans la capsule qui a servi à l'attaque et l'on chauffe sur un fort bec de Bunsen au rouge blanc, de manière à obtenir une bonne fusion. On maintient fondue pendant au moins vingt minutes, en remuant fréquemment la masse avec un fil de platine. Après le refroidissement, la matière concassée est lavée à l'eau bouillante. La liqueur filtrée contient tout le phosphore à l'état de phosphate. Le fer est entièrement séparé. Cette liqueur est additionnée d'acide nitrique jusqu'à réaction acide et évaporée à sec, pour rendre insoluble la silice qui pourrait s'y

trouver. On redissout par 50 centimètres cubes d'eau contenant $\frac{1}{2}$ centimètre cube d'acide nitrique; on filtre et on lave avec très-peu d'eau. C'est dans cette dissolution qu'on ajoute 2 centimètres cubes de molybdate d'ammoniaque, préparé d'après les indications de M. Eggertz.

Le précipité jaune est formé en peu de temps; on agite et laisse reposer. Quand la liqueur est éclaircie, on ajoute encore 1 centimètre cube de molybdate pour voir s'il n'apparaît plus de précipité. Une température de 50 à 60 degrés hâte la formation du précipité.

Douze heures après on recueille le dépôt sur un petit double filtre, l'un des filtres servant de tare à l'autre. On détache avec une plume ce qui est attaché aux parois du vase et on lave avec de l'eau contenant 1 pour 100 d'acide nitrique. On dessèche à une température peu inférieure à 100 degrés et l'on pèse :

100 de précipité correspondent à 1,63 de phosphore.

1 gramme de fer de Suède a donné : phosphomolybdate $0^{gr},016$, correspondant à phosphore $0^{gr},00026$.

1 gramme de fonte blanche (Ria) a donné : phosphomolybdate $0^{gr},082$, correspondant à phosphore $0^{gr},00134$.

Pour contrôler la quantité de phosphore ainsi déterminée, on peut redissoudre le phosphomolybdate dans l'ammoniaque et ajouter à la dissolution peu étendue quelques gouttes de chlorure de magnésium. On obtient ainsi du phosphate ammoniaco-magnésien qui, recueilli et calciné, est pesé à l'état de pyrophosphate de magnésie.

La pesée à l'état de phosphomolybdate donne cependant des résultats plus certains dans le cas le plus général où le phosphore ne se trouve qu'en très-faible proportion.

En effet, $0^{gr},0001$ de phosphore donne $0^{gr},0061$ de phosphomolybdate, quantité très-appréciable à la balance, tandis qu'on n'obtiendrait que $0^{gr},00035$ de pyrophosphate de magnésie, un poids presque vingt fois moindre.

Dans les cas d'une très-minime teneur en phosphore, cas le plus ordinaire pour le fer et l'acier, on peut donc se borner à l'emploi de l'acide molybdique; mais, pour des fontes ou aciers très-phosphoreux, il sera utile de contrôler le dosage à l'état de phosphomolybdate par un dosage à l'état de pyrophosphate de magnésie, en opérant comme il est dit ci-dessus; mais alors il faut nécessairement opérer sur plusieurs grammes de la matière à examiner. Au reste, les résultats ne présentent pas ordinairement des différences bien sensibles. Exemple :

1 gramme de fonte grise de Léon a donné : phosphomolybdate $0^{gr},0530$, dosant phosphore.................. 0,000864

4 grammes de la même fonte ont donné : pyrophosphate de magnésie $0^{gr},0115$, dosant phosphore. 0,00324

Soit pour 1 gramme de fonte................ 0,00081

Il arrive cependant quelquefois que le précipité de phosphomolybdate est lent à apparaître et qu'il faut pour le produire laisser la liqueur pendant plusieurs heures à une température d'environ 60 degrés. Dans ce cas, une petite quantité d'acide molybdique peut se déposer et augmenter ainsi le poids du phosphomolybdate recueilli. Pour obvier à cet inconvénient, on a préparé une liqueur d'acide molybdique ne déposant plus par l'application de la chaleur. La liqueur de M. Eggertz, contenue dans un flacon bouché, a été soumise pendant quarante-huit heures à une température d'environ 100 degrés. Les $\frac{3}{4}$ de l'acide molybdique s'étaient déposés; mais la liqueur restante pouvait être employée sans crainte de voir augmenter le poids du phosphomolybdate de celui d'une certaine quantité d'acide molybdique libre. Cette liqueur étant quatre fois plus pauvre en acide molybdique que la liqueur primitive, il est nécessaire d'en employer quatre fois plus. Les résultats obtenus de cette manière sont très-satisfaisants.

§ VI.

Dosage du manganèse.

Pour doser le manganèse dans un fer carburé qui en contient quelques centièmes, le procédé basé sur la séparation du fer par l'acétate de soude convient parfaitement. De la fonte, par exemple, est attaquée par l'acide chlorhydrique, en faisant intervenir soit l'acide nitrique, soit le chlorate de potasse pour porter le fer au maximum d'oxydation et pour brûler le carbone. Après avoir évaporé à sec, afin de rendre la silice insoluble, on redissout par l'acide chlorhydrique. La dissolution acide est étendue avec beaucoup d'eau. Si la fonte sur laquelle on opère pesait 3 grammes, il faudrait ajouter 2 ou 3 litres d'eau. La dissolution ainsi diluée est introduite dans un ballon et saturée aussi exactement que possible par le carbonate de soude. On la fait bouillir et l'on y projette de l'acétate de soude en morceaux, ou l'on y verse une solution saturée de ce sel. On entretient l'ébullition durant quinze à vingt minutes, puis on filtre la liqueur encore très-chaude, qui doit être alors entièrement décolorée. Lorsque la liqueur filtrée est refroidie, on y ajoute soit de l'hypochlorite de soude mélangé à volume égal d'une solution de bicarbonate de soude, soit une solution aqueuse de brome. Le vase qui contient la dissolution est recouvert avec une plaque de verre. L'un ou l'autre de ces réactifs détermine bientôt un précipité de bioxyde de manganèse. Quelques heures après la formation du dépôt, le bioxyde est reçu sur un filtre. Après l'avoir lavé et séché, on le calcine au rouge-cerise vif, pour le peser à l'état d'oxyde salin.

L'avantage de faire réagir l'acétate de soude, dans la dissolution de fer saturée, étendue d'un grand volume d'eau, est de se dispenser de laver le précipité de fer resté sur le filtre, précipité d'une consistance telle que le lavage devient très-difficile. Il ne reste, en effet, avec le mélange d'hydrate et d'acétate basique de fer qu'une quantité de manganèse assez faible pour être négligée.

Le procédé que je viens de décrire a été appliqué par M. Eggertz, même au dosage du manganèse dans des fers qui ne renferment que de faibles proportions. On obtient, en effet, d'assez bons résultats, en prenant la précaution de mesurer les réactifs employés. Pour précipiter le manganèse à l'état de bioxyde, après la séparation du fer par l'acétate de soude, M. Eggertz emploie la solution aqueuse de brome. Après des expériences comparatives, on a trouvé, dans mon laboratoire, qu'il est préférable d'opérer la précipitation du manganèse par l'hypochlorite de soude. On procède ainsi :

1 gramme de métal est dissous dans un ballon d'essayeur par 6 centimètres cubes d'acide chlorhydrique. Après la dissolution, on verse 4 centimètres cubes d'acide nitrique pour oxyder le fer et le carbone; on transvase dans une capsule en porcelaine et l'on évapore à siccité pour rendre la silice insoluble; on reprend par 6 centimètres cubes d'acide chlorhydrique mêlé à 6 centimètres cubes d'eau. Dans la dissolution acide, on met de l'eau, on filtre pour séparer le résidu insoluble et on lave. L'eau ajoutée à la dissolution acide et l'eau de lavage ont un volume d'à peu près 1 litre. On sature alors exactement par le carbonate de soude, et l'on acidifie légèrement la dissolution neutre mise dans un ballon avec 2 centimètres cubes d'acide chlorhydrique. On additionne de 60 centimètres cubes d'une dissolution saturée à froid d'acétate de soude, et l'on porte à l'ébullition qu'on entretient pendant un quart d'heure. On filtre bouillant sur un grand filtre, on lave le précipité ferrique avec de l'eau chaude tenant $\frac{1}{100}$ d'acétate de soude.

La liqueur filtrée reçoit 30 centimètres cubes d'une solution saturée de bicarbonate de soude, et 20 centimètres cubes d'une solution d'hypochlorite de soude. On couvre le vase et on laisse reposer pendant vingt-quatre heures. Le bioxyde de manganèse recueilli sur un filtre est lavé avec de l'eau contenant $\frac{1}{100}$ d'acide nitrique exempt de toute trace d'acide chlorhydrique. Le bioxyde desséché, on le calcine au rouge et l'on pèse l'oxyde salin dosant le manganèse.

100 d'oxyde salin Mn^3O^4 représentent 72,05 de manganèse métallique. Durant le refroidissement de Mn^3O^4, il peut y avoir, assure-t-on, absorption d'un peu d'oxygène; s'il en est ainsi, il en résulterait une certaine incertitude dans le poids du manganèse calculé, d'après l'oxyde salin obtenu par la calcination du bioxyde. Pour se mettre à l'abri de cette cause d'erreur, Ebelmen a conseillé de doser constamment le manganèse à l'état de protoxyde MnO, en réduisant les oxydes supérieurs fournis par l'analyse, en les chauffant au rouge dans un courant de gaz hydrogène. L'opération est d'une exécution facile; toutefois la réduction doit avoir lieu au rouge blanc : autrement le protoxyde; après le refroidissement, absorbe sensiblement de l'oxygène lorsqu'il est exposé à l'air.

100 parties de MnO équivalent à 77,46 de manganèse métallique. Je crois devoir ajouter que les quantités d'oxyde salin que fournit généralement le dosage du manganèse dans un fer carburé, et à plus forte raison dans le fer en barre, sont assez faibles pour que le refroidissement de la matière calcinée soit rapide. L'oxygène absorbé est à peine sensible à la balance, et par conséquent, dans ce cas, on peut se dispenser de réduire l'oxyde salin, dont le poids donne, avec une exactitude suffisante, celui du métal répondant à la composition théorique Mn^3O^4.

Dosage de très-petites quantités de manganèse dans les fers carburés.

Un sel de protoxyde de manganèse chauffé avec de l'acide nitrique et additionné d'oxyde puce de plomb donne lieu à une coloration pourpre très-intense. Cette réaction, signalée par Rose, permet de déceler les quantités les plus infimes de manganèse ([1]). Dans le cas des fers carburés, on obtient encore une coloration très-appréciable quand le manganèse existe en proportion inférieure à $\frac{1}{10000}$.

M. Leclerc a appliqué cette réaction au dosage du manganèse dans les sols et les cendres. Il employait une dissolution de nitrate de protoxyde de mercure titrée par du permanganate de potasse, pour décolorer le composé rose formé. Le manganèse était proportionnel à la liqueur réductrice employée ([2]).

On a essayé ce procédé en le modifiant notablement, pour doser le manganèse dans le fer en barre, dans l'acier et la fonte. On a éprouvé d'abord quelques difficultés pour titrer la liqueur réductrice. Le permanganate employé en premier lieu n'a pas donné de bons résultats. En effet de l'oxyde de manganèse fourni par une quantité déterminée de permanganate, ramené à l'état de combinaison rose par l'oxyde puce, était décoloré par un volume moindre de liqueur réductrice que le permanganate lui-même; c'est-à-dire que le manganèse à l'état de combinaison rose, produite par l'oxyde puce, a un pouvoir oxydant plus faible que lorsqu'il est à l'état de permanganate de potasse; ce qui tend à confirmer cette opinion de

([1]) Rose, *Traité d'Analyse*, t. I, p. 70.
([2]) *Comptes rendus des séances de l'Académie des Sciences*, t. LXXV, p. 1209.

Rose que la belle teinte prise par la dissolution d'un sel de manganèse traité par l'oxyde puce n'est pas due à l'acide permanganique, mais à un sesquioxyde. On s'est alors décidé à prendre pour type une dissolution titrée de sulfate de manganèse qu'on ramène à l'état de combinaison rose, en suivant exactement le procédé employé pour le métal dans lequel on doit doser le manganèse.

Préparation de la liqueur titrée de manganèse.

Un ferromanganèse, alliage que l'industrie fabrique aujourd'hui, contenant 63,3 pour 100 de manganèse, a été pris pour type. On en dissout $0^{gr},158$ contenant $0^{gr},100$ de manganèse dans 20 centimètres cubes d'acide sulfurique ou $\frac{1}{4}$, et l'on étend à 500 centimètres cubes, 5 centimètres cubes de cette dissolution correspondant à $0^{gr},001$ de manganèse métallique.

Pour doser le manganèse dans un fer carburé qui en contient au maximum 2 à 3 pour 1000, on traite 1 gramme de ce fer dans une capsule en porcelaine, d'environ 200 centimètres cubes de capacité, par 25 centimètres cubes d'acide nitrique pur à 1,2 de densité et 15 centimètres cubes d'eau. On dissout à l'ébullition en maintenant bouillant pendant au moins cinq minutes. Après la dissolution complète, 8 grammes d'oxyde puce de plomb sont ajoutés à la dissolution : la première moitié par petites portions, en maintenant l'ébullition, le reste en une fois, après avoir retiré le feu. On agite bien et l'on transvase, après addition d'eau bouillante, dans une éprouvette graduée à 100 centimètres cubes. On lave avec de l'eau bouillante et l'on complète avec la même eau le volume de 100 centimètres cubes. Après avoir agité, on abandonne au repos. Quand la liqueur rose est éclaircie, par suite du dépôt de l'oxyde puce, on en prend 50 centimètres cubes avec une pipette graduée et on les fait tomber dans un verre à pied. On ajoute immédiatement une dissolution de nitrate de protoxyde de mercure, contenue dans une burette de Gay-Lussac, que l'on fait tomber goutte à goutte, en remuant, jusqu'à décoloration de la liqueur.

La dissolution de nitrate mercureux est préparée, par tâtonnement, de manière que 1 milligramme de manganèse exige pour sa décoloration 15 à 20 divisions de la burette. On approche du degré de concentration convenable en dissolvant 0gr,45 à 0gr,50 de nitrate de protoxyde de mercure dans 100 centimètres cubes d'eau. Cette liqueur, qui ne s'altère pas sensiblement, est titrée par 5 centimètres cubes de la liqueur type, équivalant à 0gr,001 de manganèse. On n'a qu'à substituer à la dissolution de fer ces 5 centimètres cubes et à opérer comme précédemment. La quantité de manganèse est proportionnelle au nombre de divisions de la burette qu'il a fallu pour arriver à la décoloration.

La présence du fer n'a aucune influence défavorable sur le dosage. L'expérience suivante le démontre clairement :

5 centimètres cubes de liqueur titrée de manganèse, équivalant à 0gr,001 de métal, ont été traités par l'acide nitrique et l'oxyde puce, comme il est dit plus haut. La liqueur rose obtenue a été décolorée par 17 divisions de la burette ; une même quantité de liqueur de manganèse a été additionnée de 4 grammes de sulfate de fer pur et traitée de la même manière ; il a fallu également 17 divisions de la solution de nitrate de mercure pour arriver à la décoloration.

Cette méthode ne permet de doser que de très-minimes proportions de manganèse. En effet, s'il est démontré qu'on peut déterminer des quantités ne dépassant pas 0,003 de ce métal, il a été reconnu qu'au delà on n'obtient plus de résultats certains.

Les dosages suivants, effectués sur des liqueurs de compositions connues, dans lesquelles, pour se placer dans les conditions d'une analyse de fer carburé, on avait ajouté 1 gramme de fer à l'état de sulfate, montrent dans quelles limites ce procédé empirique est applicable :

		Solution de nitrate de mercure.
$0^{gr},0005$ de manganèse	décoloré par	8 divisions
0,0010	»	17 »
0,0020	»	34 »
0,0030	»	49 »
0,0040	»	58 »

On voit que jusqu'à $0^{gr},003$ les quantités de dissolution réductrice sont sensiblement proportionnelles au manganèse; mais, passé ces $0^{gr},003$, il n'en est pas de même, et plus on dépasse ce chiffre plus les divergences sont grandes.

Exemples de dosages.

5 centimètres cubes de dissolution type contenant, à l'état de sulfate, $0^{gr},001$ de manganèse métal, ont été traités par le bioxyde de plomb. La liqueur rose résultant de la réaction a été décolorée par 17 divisions de la solution normale de nitrate de protoxyde de mercure :

$$17 \text{ divisions} = \text{manganèse } 0^{gr},001.$$

I. 1 gramme de fer de Suède S, soumis au traitement de l'oxyde puce; la dissolution rose a exigé pour être décolorée 23 divisions de la solution normale de nitrate mercureux.

Le gramme de fer de Suède contenait donc :

$$\text{manganèse } \tfrac{23}{17} \times 0,001 = 0,00135.$$

II. 1 gramme d'un acier Krupp, traité par l'oxyde puce; la dissolution a été décolorée par 4 divisions de la solution normale de nitrate mercureux.

$$\text{Manganèse dans 1 gramme d'acier } \tfrac{4}{17} \times 0,001 = 0^{gr},00023.$$

Cette méthode d'approximation permet de doser le manganèse, dans les limites de quantités qu'on a indiquées; elle convient bien pour évaluer ce métal dans le fer en barres, dans l'acier, où il entre rarement pour une proportion supérieure à 0,003, en opérant sur 1 gramme de fer carburé.

Dans les *spiegeleisen*, la proportion de manganèse atteint fréquemment et dépasse même 0,05; on doit par conséquent, pour se placer dans les conditions où la méthode est applicable, n'agir que sur $0^{gr},05$ de matière, afin de n'avoir à doser que $0^{gr},002$ à $0^{gr},003$ de manganèse; mais alors on comprend que, pour rapporter le résultat du dosage à 1 gramme, l'erreur que l'on commet nécessairement dans l'opération est multipliée par 20. Ainsi, dans les dosages que l'on vient de donner comme exemple, 17 divisions de la solution normale de nitrate mercureux représentaient $0^{gr},001$ de manganèse métal. Une division en représentera donc $\frac{0,001}{17}$, à peu près $0^{gr},00006$.

Si l'on suppose que, pour décolorer, on ait ajouté en plus ou en moins 2 divisions de la dissolution normale de nitrate mercureux, on aura dosé, en plus ou en moins, $0^{gr},00012$ de manganèse; cette erreur, étant multipliée par 20, s'élèvera à $0^{gr},0024$ pour 1 gramme de fonte.

On a fait deux dosages de manganèse par le bioxyde de plomb, sur une fonte blanche et sur une fonte grise, en opérant sur $0^{gr},1$. Les résultats sont rapportés à 1 gramme :

	Fonte blanche.	Fonte grise.
	gr	gr
I. Manganèse......	0,0214	0,0134
II.	0,0235	0,0121
Moyenne........	0,0224	0,0128

On voit que la différence a été de $0^{gr},0022$ pour la fonte blanche; de $0^{gr},0013$ pour la fonte grise.

Comme contrôle de ces résultats, le manganèse a été

dosé dans les mêmes fontes en le précipitant à l'état de bioxyde MnO^2 par un hypochlorite, après avoir séparé le fer de la dissolution par l'acétate de soude. On a opéré sur 1 gramme.

		Fonte blanche.	Fonte grise.
		gr	gr
Mn^3O^4	Obtenu.........	0,0359	0,0231
	Manganèse......	0,0258	0,0166.

Ainsi le procédé dans lequel intervient le bioxyde de plomb a donné de 3 à 4 milligrammes de manganèse de moins que le procédé généralement employé.

Néanmoins, le dosage du manganèse par l'oxyde puce de plomb dans un fer carburé pourra être appliqué dans bien des circonstances, lorsqu'il n'est pas nécessaire d'atteindre une grande précision; il est d'une exécution facile, rapide, et, pour prononcer sur l'absence ou sur la présence du manganèse dans le fer ou dans l'acier, il n'y a certainement pas de réaction plus sûre que celle du bioxyde de plomb.

Essais de dosage du manganèse par la pile.

Lorsqu'on fait passer un courant à travers une dissolution contenant du fer et du manganèse, le manganèse est déposé à l'état de bioxyde sur le pôle positif, et avec certaines précautions on parvient à le retirer en totalité, ou tout au moins à en déceler les plus petites quantités. Pour contrôler ce procédé, on a fait de nombreuses expériences; j'en rapporterai quelques-unes.

I. Dans 50 centimètres cubes d'eau, contenant 1 centimètre cube d'acide sulfurique monohydraté, on a dissous $2^{gr},15$ de sulfate de fer pur cristallisé et une quantité de sulfate de manganèse correspondant à $0^{gr},010$ de métal. L'électrode positive avait une surface simple de 24 centimètres carrés; l'électrode négative était de moitié plus petite. On a fait passer le courant produit par un élément Bunsen, à intensité assez faible. Tout aussitôt la lame positive a été recouverte d'une couche noire entourée de quelques nuages violets, dus probablement à un composé très-oxygéné du manganèse. Au bout de quarante-huit heures on a arrêté le courant; la lame lavée à l'eau et séchée retenait : bioxyde de manganèse, 0gr,015, équivalant à manganèse métallique 0,0096, c'est-à-dire très-approximativement la quantité introduite. On a replacé la lame après l'avoir nettoyée et l'on a rétabli le courant; aucun dépôt ne s'est plus manifesté, même après plusieurs heures. On a alors ajouté une trace de sulfate de manganèse; un dépôt s'est formé instantanément. Dans cette expérience, la totalité du manganèse avait donc été retirée en quarante-huit heures.

II. 1 gramme de fonte blanche de Ria a été dissous dans 10 centimètres cubes d'acide sulfurique au $\frac{1}{4}$ et 5 centimètres cubes d'acide nitrique; après la dissolution on a évaporé dans le petit vase en verre de Bohême dans lequel on avait fait l'attaque, jusqu'à l'expulsion de l'acide nitrique; on a repris par 5 centimètres cubes d'acide sulfurique au $\frac{1}{4}$ et 50 centimètres cubes d'eau chaude. On fit alors fonctionner une pile de Daniell à intensité faible et assez constante.

Le dépôt s'est opéré lentement. Au bout de cinq jours on a retiré la lame positive; on l'a lavée à l'eau et l'on a dissous le bioxyde de manganèse par de l'eau contenant un peu d'acide sulfurique additionné d'acide oxalique. En replaçant la lame dans le courant, le dépôt a continué à s'opérer; cinq jours après, on a enlevé le bioxyde de manganèse par le même moyen; à partir de ce moment, aucun dépôt ne se produisait. Le manganèse retiré a été pesé à l'état d'oxyde salin; on en a obtenu......... 0gr,0630
par le permanganate de potasse on a constaté
que cet oxyde contenait : sesquioxyde de fer.. 0gr,0056
Oxyde salin de manganèse................. 0gr,0574
équivalant à 0,0415 de manganèse métallique.

III. 1 gramme de fer de Ria a été traité comme la fonte blanche; la surface totale de l'électrode positive était de 27 centimètres carrés, cette électrode était tarée et l'on obtenait le bioxyde déposé par l'augmentation de poids. La lame était nettoyée avant d'être replacée dans le liquide.

L'expérience a commencé le 29 avril.

		gr
Le 2 mai, on a retiré, bioxyde	......	0,0010
Le 4	id.	0,0002
Le 9	id.	0,0002

Jusqu'au 13 mai, des quantités impondérables, mais très-visibles.

A partir du 13 mai, aucune trace de bioxyde ne se dépose plus.

Bioxyde recueilli .... 0,0014 = Mn 0,00101

Par le procédé à l'oxyde de plomb, on avait dosé dans ce fer : manganèse. 0,0010З

On a renoncé à employer la pile par les raisons suivantes :

1° Le temps nécessaire à un dosage est souvent tres-long;

2° Le procédé est extrêmement capricieux. Il arrive souvent, quand l'intensité du courant diminue ou s'accroît, que le bioxyde déjà déposé se redissout, et il est très-difficile d'arriver à une intensité constante; mais il est vraisemblable qu'en perfectionnant les moyens d'exécution on réussisse à doser par la pile le manganèse dans les fers carburés.

§ VII.

Dosage du fer : procédé Margueritte.

Le dosage du fer, fondé sur la précipitation du sesquioxyde par un carbonate alcalin, ne donne pas un résultat suffisamment exact; il est impossible de laver complétement l'hydrate ferrique, et le sesquioxyde, après sa calcination, retient, par conséquent, de l'alcali.

La méthode volumétrique, basée sur l'action oxydante que le permanganate de potasse exerce sur les sels ferreux, permet, au contraire, de déterminer le fer avec une précision qui approche de celle que l'on atteint dans le dosage du carbone et du silicium. On a ainsi un contrôle utile des analyses de fer en barre, de fonte et d'acier. Il est, en effet, contraire aux vrais principes de la docimasie d'évaluer par différence le corps qui domine dans un composé; c'est supposer à la fois qu'il n'y a pas eu d'erreurs commises dans les dosages, et qu'il ne se trouvait pas dans la matière analysée des substances autres que celles qu'on a cherchées.

D'après la formule

$$Mn^2O^7, KaO + 5Fe^2O^2 = Mn^2O^2 + 5Fe^2O^3, KaO,$$

1 équivalent de permanganate suroxyde 10 équivalents de protoxyde de fer.

La réaction doit s'accomplir dans un liquide très-acide, pour que l'oxyde de manganèse que renfermerait la dissolution ne soit pas suroxydé, et afin que le sel ferrique produit se trouve dans une solution assez étendue pour que sa couleur propre ne masque pas l'apparition de la teinte rose, indice de la suroxydation du fer.

On a reconnu que, pour une même quantité de métal, la couleur de la dissolution dans l'acide sulfurique est beaucoup moins apparente que la dissolution dans l'acide chlorhydrique.

Préparation de la solution de permanganate de potasse.

On dissout 1gr,85 de permanganate cristallisé par litre d'eau. On prépare 15 à 20 litres de dissolution que l'on garde pendant quelques jours avant de l'employer. Cette précaution est prise parce que l'eau distillée n'est pas absolument exempte de matières organiques réagissant sur l'acide permanganique. L'effet destructeur de ces matières une fois produit, la dissolution conserve sa constitution, si elle est tenue à l'abri des poussières et de la lumière.

Prise du titre de la dissolution de permanganate.

La dissolution est faite de manière que, pour suroxyder 1 gramme de fer pur, on doive en employer plus de 300 centimètres cubes.

1 gramme de fer pur, pesé à une balance sensible à $\frac{1}{10}$ de milligramme, est introduit dans un matras d'essayeur dont la panse a une capacité d'environ 85 centimètres cubes, la longueur du col 27 centimètres (*fig.* 7).

Fig. 7.

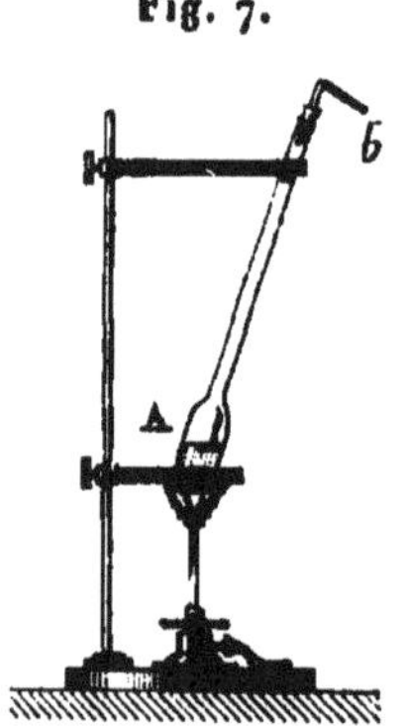

Pour dissoudre le métal, on verse dans le matras 25 centimètres cubes d'acide sulfurique étendu, formé de 1 volume d'acide monohydraté et de 5 volumes d'eau. Le matras est fermé avec un liége traversé par un tube de verre *b*, effilé à son extrémité et courbé. Cette disposition a pour objet d'empêcher l'air extérieur de se mêler à l'atmosphère du gaz hydrogène qui remplira l'appareil pendant la dissolution du métal.

L'attaque par l'acide sulfurique dilué commence à froid. On chauffe doucement, graduellement, à mesure que le dégagement de gaz se ralentit; puis on porte à l'ébullition.

Les particules de fer, jusque-là restées intactes, réagissent sur le peu d'oxyde ferrique qu'aurait pu former l'air resté dans le matras au commencement de l'opération. Tout le fer, quand la dissolution est achevée, est au minimum d'oxydation. On remplit alors presque entièrement le matras avec de l'eau chaude que l'on a fait bouillir et qu'on verse ensuite dans le bocal *d* (*fig.* 8), d'une capacité d'à

Fig. 8.

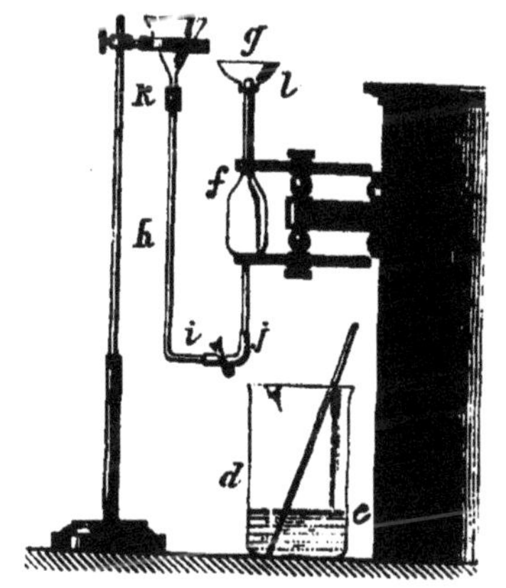

peu près $1^{lit},5$; on y a mis avant 30 centimètres cubes d'acide sulfurique au $\frac{1}{6}$, le même que celui employé pour dissoudre le fer, en ayant soin, en outre, d'ajouter assez d'eau pour couvrir le fond du bocal, afin de prévenir une rupture. Le liquide chaud étant versé, on remplit une deuxième et une troisième fois le matras avec de l'eau froide pour le laver. Les eaux de lavage sont versées dans le bocal *d*, qui porte en *e* un trait tracé au diamant, indiquant une capacité de 700 centimètres cubes.

Chaque fois que l'on a versé le liquide dans le bocal, on

donne un jet de pissette sur l'extérieur de l'extrémité du matras pour entraîner les gouttes de liqueur acide.

Lorsque la dissolution et l'eau des lavages sont réunies, on ajoute de l'eau jusqu'à ce que le liquide atteigne le trait *e* marquant 700 centimètres cubes; puis on place le bocal sous la pipette de Stass *f*, jaugeant 300 centimètres cubes de permanganate et posée sur un support fixe. On remplit la pipette en versant la dissolution de permanganate dans l'entonnoir *g*, communiquant par le tube de verre *h* et le tube en caoutchouc non vulcanisé *i* avec l'extrémité inférieure de la pipette *j*. Le bec de l'entonnoir *g* est lié au tube de verre *h* par un petit manchon en caoutchouc *k*. L'entonnoir *g*, dont la capacité est d'environ $\frac{1}{2}$ litre, étant rempli de dissolution de permanganate, on ouvre la pince *i*; le liquide affluant de l'entonnoir remplit la pipette; lorsqu'il déborde en *l*, on pose l'index sur l'orifice; en même temps on ferme la pince en *i* et l'on sépare le tube en *j*.

En levant l'index, le liquide de la pipette tombe, en mince filet, dans la solution contenue dans le bocal *d*. On remue continuellement, à l'aide de l'agitateur. Les 300 centimètres cubes de permanganate fournis par la pipette ne suffisant pas pour colorer la liqueur, on déplace le bocal *d* pour y verser immédiatement et goutte à goutte, sans cesser d'agiter, le permanganate d'une burette de Gay-Lussac, graduée en dixièmes de centimètre cube, jusqu'à ce que la dissolution, dans toute sa masse, prenne la teinte rose caractérisant la fin de la suroxydation du fer. On lit alors le volume versé et on l'ajoute au volume constant sorti de la pipette de Stass [1].

---

[1] J'ai dit que cette pipette doit avoir une capacité de 300 centimètres cubes. On détermine exactement par la pesée, et une fois pour toutes, en notant la température, l'eau débitée par l'instrument. Son volume est une constante qu'on adopte pour les essais subséquents

Voici les nombres trouvés dans une prise de titre :

Fer pur dissous.............................. 1^{gr} [1].
Permanganate employé pour la suroxydation....... $323^{cc},05$

Chaque centimètre cube de la dissolution accusant $0^{gr},003095$ de fer, le demi-dixième en accuserait $0^{gr},00015$, et il ne faut pas une bien grande habitude des manipulations pour répondre de $0^{gr},0003$.

Une solution plus diluée que celles dont j'ai donné la préparation indiquerait sans doute une moindre quantité de métal; mais il est une limite à laquelle il convient de s'arrêter, c'est celle du pouvoir colorant, d'ailleurs si puissant, de la dissolution manganique. Avec $1^{gr},85$ de permanganate par litre d'eau, une goutte de solution, soit en volume moins de $\frac{1}{10}$ de centimètre cube, colore très-visiblement en rose 1 litre d'eau, alors même qu'il y a dans le liquide très-acide $1^{gr},43$ de sesquioxyde de fer en dissolution.

Lorsqu'on doit exécuter une série de dosages, il suffit de prendre une seule fois le titre de la dissolution de permanganate. Ce titre persiste assez pour qu'on puisse encore l'adopter un ou deux jours après, à la condition que la température reste à peu près la même; autrement il faudrait introduire une correction, le volume de la dissolution contenue dans la pipette de Stass devant, par suite des variations de la température, représenter des quantités

---

(1) Il n'est pas facile de prendre exactement 1 gramme de métal, quand la pesée est faite à une balance sensible au $\frac{1}{10}$ de milligramme, surtout si le métal est en fil ou en copeau qu'on ne coupe pas aisément; il faut quelquefois bien du temps pour terminer la pesée. On peut alors prendre pour l'essai une quantité de fer approchant autant que possible du gramme. On titre cette quantité par le permanganate et, d'après le volume employé, on calcule ce qu'aurait été ce volume si l'on eût opéré sur 1 gramme de métal. Quand le fer, l'acier ou la fonte sont en limaille ou en poudre, la pesée du gramme n'offre pas de difficulté, surtout si l'on a un couteau faiblement aimanté qui permet de retirer du plateau de la balance une particule de fer.

pondérables différentes de permanganate. Ainsi, dans un dosage de fer, il faut ramener le volume à ce qu'il aurait été si l'on eût opéré à la température à laquelle le titre a été pris.

La solution dont on fait usage renfermant moins de 0,002 de permanganate de potasse, on peut prendre pour la correction le coefficient de la dilatation de l'eau : 0,000721 pour chaque degré du thermomètre.

La capacité de la pipette étant de 300 centimètres cubes, l'augmentation ou la diminution du volume de liquide serait de $0^{cc},22$ pour 1 degré de différence dans la température [1].

Pour doser le fer par le permanganate, il est nécessaire que le fer dissous soit à l'état de protoxyde. On pouvait craindre que pendant le transvasement de la dissolution, pendant les lavages, l'air n'oxydât du métal. Quand la solution est fortement acide, comme c'est le cas dans les dosages, l'oxygène de l'atmosphère n'intervient pas immédiatement ; M. Margueritte avait déjà constaté que la solution chlorhydrique étendue d'eau pouvait être exposée à l'air, durant quatre heures, sans qu'il y eût oxydation ; j'ai confirmé ce résultat, et je puis affirmer que le fer dissous dans l'acide sulfurique dilué résiste encore mieux à la suroxydation.

---

[1] C'est à l'usine Holtzer, d'Unieux, que j'ai commencé à doser le fer dans les aciers par le procédé Margueritte. N'ayant pas de pipette d'une grande capacité, j'ai fait usage des pesées. Environ 1 kilogramme de solution de permanganate, suffisant pour trois analyses exécutées chacune sur 1 gramme de matière, était contenu dans un récipient florentin à bec effilé. On pesait à la balance de Roberval ; un dixième de centimètre cube de dissolution était représenté par un poids de $0^{gr},1$. Il est à peine nécessaire d'ajouter que l'on procédait en plaçant le vase chargé de permanganate sur l'un des plateaux. On établissait l'équilibre, et, pour connaître le poids du liquide employé à la suroxydation, il suffisait de rétablir l'équilibre avec des poids de précision. Par la pesée, on est dispensé de faire les corrections relatives aux changements de température.

Fer pur pour prendre le titre du permanganate de potasse.

Il est difficile de se procurer du fer absolument pur ; le fil de piano, qu'on recommande pour fixer le titre du permanganate, ne convient aucunement lorsqu'il s'agit d'analyses exactes. Le fil de carde, un des moins impurs que fournisse l'industrie, contient encore 0,0004 de carbone et 0,0020 de silicium. On peut cependant l'employer comme type quand on a déterminé rigoureusement sa teneur réelle en fer.

On a dit que le fer déposé par la pile était d'une grande pureté. Celui que j'ai préparé avec les appareils les plus variés retenait toujours du soufre quand il procédait du sulfate purifié, et souvent du chlore quand il provenait du chlorure. Du métal que m'avaient remis d'habiles physiciens s'est trouvé moins pur que celui obtenu dans mon laboratoire avec des piles à tensions faibles et continues.

L'impossibilité de se procurer du fer pur par les moyens que je viens de rappeler a conduit à se servir, pour titrer le permanganate, de sulfate purifié, tel, par exemple, que celui qu'on se procure en faisant cristalliser plusieurs fois le sulfate de fer des photographes ; mais l'emploi de ce sel n'est pas sans inconvénient, il s'oxyde partiellement en s'effleurissant : il en résulte que sa constitution n'est pas homogène. En précipitant la dissolution de sulfate de fer par une suffisante addition d'alcool, le sel est déposé en une poudre cristalline d'un blanc verdâtre ; si on le fait sécher rapidement, après l'avoir lavé à l'alcool, on assure que, conservée en flacon, sa composition ne change pas et qu'il renferme pour 100 : 20,140 de fer métallique ([1]).

Du sulfate purifié et précipité par l'alcool séché à l'étuve

([1]) Percy, *Traité de Métallurgie* t. II, p. 72, traduction.

à 40 degrés avait une composition notablement différente ; il s'y trouvait moins d'eau de cristallisation, des traces de sesquioxyde et un indice de manganèse.

Lorsque, pour le *titrage* du permanganate, on substitue le sulfate au métal, il est indispensable de déterminer la quantité de fer qu'il renferme, quel que soit l'état auquel il s'y trouve; il est même indifférent qu'il y ait un peu de sesquioxyde. C'est ce que j'ai fait pour le sulfate que j'avais purifié et qui, je dois le dire, gardé en flacon, a conservé la même composition pendant fort longtemps.

J'ai déterminé la quantité de fer dans le sulfate :

1° Par le poids du sesquioxyde Fe^2O^3 resté après la calcination du sel ;

2° Par le poids du métal obtenu par la réduction du sesquioxyde dans un courant d'hydrogène, au rouge ;

3° Par la perte en oxygène éprouvée par le sesquioxyde durant la réduction.

Voici les résultats d'une expérience :

Sulfate de fer purifié	4gr,0561
Sesquioxyde obtenu par la calcination	1,4433

	Fer.
1gr,4184 de ce sesquioxyde, théoriquement..	0,9929
1,4184 réduits par l'hydrogène, ont donné.	0,9930
En estimant le métal par l'oxygène disparu pendant la réduction, on aurait	0,9926
Moyennes	0,9928

Dans 1gr,4433 de sesquioxyde, résultant de la calcination de 4gr,0561 de sulfate, il y avait 1gr,01023 de fer.

	Fer.
Pour 1 gramme de sulfate.......................	0,24932
En 1871, on avait trouvé, pour 1gr du même sulfate .	0,24926
En 1873, » » ..	0,24929

Ces analyses faites à diverses époques, sur le même sel,

montrent la stabilité de sa constitution. On peut donc, ainsi que l'a proposé M. Percy, s'en servir pour prendre le titre d'une dissolution de permanganate de potasse, à la condition, selon moi, de déterminer sa teneur en fer métallique.

Pour le sulfate dont il est question ici, il en faudrait $4^{gr},0010$ pour représenter 1 gramme de fer. Le sel est mis dans le matras d'essayeur; on verse ensuite la même quantité d'acide sulfurique au sixième (25 centimètres cubes) que s'il s'agissait de dissoudre 1 gramme de métal, et l'on procède à la prise de titre à la manière ordinaire, c'est-à-dire que dans le bocal *d* on ajoute 30 centimètres cubes d'acide au sixième. La seule différence, c'est qu'aussitôt que le sulfate est dissous on jette dans le matras environ $0^{gr},4$ de zinc pour amener l'oxyde ferrique à l'état d'oxyde ferreux. On ne doit faire passer le liquide acide du matras dans le bocal *d* qu'après la complète dissolution du zinc. J'ai vu, en effet, qu'une lame de zinc, même dans une solution très-acide, retient du fer réduit à sa surface, qui, par conséquent, échappe à l'action oxydante du permanganate.

Il est toutefois beaucoup plus commode de prendre le titre d'une dissolution de permanganate avec du fer pur, qu'il est aujourd'hui possible de se procurer par suite des recherches du colonel Caron.

Le fer est obtenu en précipitant le sulfate de fer par l'acide oxalique pur. L'oxalate calciné laisse de l'oxyde que l'on réduit par du gaz hydrogène exempt de soufre et d'arsenic. La réduction a lieu dans un tube en porcelaine, dans lequel, en élevant la température, on fond le métal dans une atmosphère d'hydrogène. Le lingot obtenu est passé à la filière. Le fer est conservé en fils façonnés en spirale; avant de l'employer au titrage, on le porte au rouge dans un courant d'hydrogène, où on le laisse refroidir. Ce métal est très-malléable à froid, et j'ai tout lieu de le considérer comme pur, n'ayant pu par les recherches les plus délicates y trouver autre chose que du fer; il ne contient pas la moindre trace de manganèse, bien que l'oxalate dont il procède n'en soit pas toujours exempt. L'absence de manganèse, d'après le colonel Caron, tient à cette circonstance que, alors même que le sesquioxyde venant de la calcination de l'oxalate contient du manganèse, le métal de la réduction par l'hydrogène n'en renferme pas, parce que l'oxyde salin Mn^3O^4 n'est pas réductible complétement par ce gaz, mais seulement transformé en oxyde manganeux, oxyde qui forme une sorte de *fritte* sur les parois du tube en porcelaine dans lequel le fer est fondu.

On peut très-bien, pour prendre le titre du permanganate de potasse, remplacer le fer pur par un fer de bonne qualité, très-pauvre en carbone et en silicium, dont on a déterminé la teneur en fer. C'est ainsi que, dans mon laboratoire, on emploie fréquemment comme fer type un fer de Suède contenant $0^{gr},9978$ de fer pur.

Dosage du fer dans un acier.

Le volume de la dissolution de permanganate pour suroxyder 1 gramme de fer pur dissous était $323^{cc},05$.

1 gramme d'acier a été traité dans le matras d'essayeur par 25 centimètres cubes d'acide sulfurique au sixième. L'attaque d'un fer carburé présente quelques caractères qui ne se manifestent pas pendant la dissolution du fer exempt de carbone. Il apparaît une matière noire persistant jusque vers la fin de l'opération et qui ne disparaît que par une ébullition soutenue : c'est très-probablement, ainsi que l'a dit Faraday, une combinaison de fer, de carbone et d'hydrogène, que l'acide détruit difficilement. Lorsqu'on attaque un acier dur, et à plus forte raison une fonte blanche, cette matière forme une mousse noire assez volumineuse tendant à monter dans le col du matras. Dès qu'elle a disparu, si le fer carburé ne contient pas de gra-

phite, la liqueur acide devient limpide, on n'y aperçoit plus la moindre particule en suspension. Tant que dure la dissolution, le gaz hydrogène dégagé possède l'odeur fétide qu'il acquiert toujours quand il prend naissance au contact du carbone combiné.

La dissolution achevée, on transvase dans le bocal *d* (*fig*. 8), en opérant ainsi qu'il a été indiqué, et l'on ajoute du permanganate jusqu'à l'apparition de l'indice, la coloration rose du liquide :

Permanganate; titre	$323^{cc},05$ =	Fer, 1 gramme.
» ajouté...	$320,60$	

On a, pour le fer contenu dans le gramme d'acier :

$$\frac{320,6}{323,05} = 0^{gr},9924.$$

Il convient maintenant de rechercher si certains métaux qui accompagneraient le fer occasionneraient une perturbation dans le dosage par le permanganate.

M. Margueritte a reconnu, ainsi qu'on devait le prévoir, que la présence du zinc, du tungstène, du titane, de l'acide phosphorique, du nickel, du cobalt, du chrome, ou même celle du manganèse, ne modifie en rien les résultats. Il n'en est plus ainsi de la présence du cuivre et de l'arsenic, le protoxyde de cuivre et l'acide arsénieux étant suroxydés par l'acide permanganique. Des traces d'arsenic allié au fer ne seraient pas un obstacle, parce que pendant l'attaque par l'acide sulfurique dilué elles formeraient du gaz hydrogène arséniqué; mais le cuivre, s'il persistait dans la dissolution à l'état de sulfate cuivreux, consommerait de l'acide permanganique; le fer serait dosé trop haut.

Théoriquement, en dissolvant dans un acide du fer ne renfermant que quelques millièmes de cuivre, ce dernier métal devrait conserver l'état métallique, sans réagir sur le permanganate. Restait à savoir si le cuivre extrêmement divisé, tel qu'il apparaît dans la réduction d'un sel cuivrique ou cuivreux, ne se comporterait pas autrement que du cuivre ayant plus de cohésion. C'était à l'expérience à décider :

	Permanganate.
I. Le fer de 1 gramme de fonte blanche exempte de cuivre a exigé pour la suroxydation...........	306,9 cc
II. A 1 gramme de la même fonte on ajoute 0gr,02 de tournure de cuivre.....................	306,8
III. A 1 gramme de la même fonte on ajoute deux petits cristaux de sulfate de cuivre..........	319,5

Le cuivre en fragments n'a pas troublé la réaction; il n'en a plus été ainsi lorsque la tournure de cuivre a été remplacée par quelques milligrammes de sulfate cuivrique, soit que ce sulfate ait passé au sulfate cuivreux, soit que le cuivre extrêmement divisé résultant de la réduction ait réagi sur le permanganate [1]. Quoi qu'il en soit, le dosage exact du fer, en présence d'une minime quantité de cuivre, n'est plus possible, le permanganate accusant alors une proportion plus forte que celle contenue dans le fer carburé.

Pour le dosage du fer dans un minerai cuprifère, M. Margueritte sépare le cuivre et l'arsenic, en faisant intervenir le zinc comme réducteur. Voici son mode de procéder [2] :

1 gramme de minerai est dissous dans l'acide chlorhydrique; on étend d'eau et l'on opère la réduction au minimum par l'addition de 6 grammes de tournure de zinc. Lorsque la liqueur est décolorée, que le zinc est entièrement dissous, si l'on remarque des paillettes de cuivre ou d'arsenic, on filtre et, dans le liquide filtré ne renfermant plus de cuivre, on introduit la dissolution normale de permanganate.

(1) On a fait plusieurs essais qui ont donné les mêmes résultats.
(2) *Annales de Chimie et de Physique*, 3e série, t. XVIII, p. 254.

On dose ainsi le fer à moins de 1 centième près, suivant M. Margueritte. Cela suffit, sans doute, lorsqu'il s'agit d'un minerai; il en serait autrement pour le dosage du fer dans l'acier, le fer en barre ou la fonte. La nécessité de faire passer à travers le filtre la dissolution renfermant le fer amené au minimum d'oxydation enlèverait au procédé toute sa précision.

De quelques essais exécutés avec un grand soin il est résulté que dans une dissolution très-acide, acidité qui est une des conditions du procédé, le zinc ne réduit pas toujours en totalité le sulfate de cuivre ajouté au fer carburé dissous, et que, dans le cas où l'on fait intervenir un grand excès de zinc, pour assurer la réduction, on ne dose plus par le permanganate, dans la liqueur filtrée, tout le fer de l'acier ou de la fonte. Est-ce parce que pendant le filtrage il y a du fer suroxydé, ou bien n'enlève-t-on pas par un lavage rapide toute la dissolution du sel de fer adhérant au filtre? Je ne sais, mais il y a certainement perte de métal.

IV. 1 gramme de fer provenant de la fonte de Ria puddlée à Unieux a été dissous dans l'acide sulfurique au sixième; permanganate employé pour suroxyder... $322^{cc},30$

V. 1 gramme du même fer a été dissous, après qu'on y eut mêlé quelques centigrammes de sulfate de cuivre. On a fait intervenir le zinc. Permanganate employé pour suroxyder...................... 326,30

VI. 1 gramme d'acier renfermant $0^{gr},004$ de cuivre ajouté; permanganate employé................. 322,50

1 gramme de même acier a été dissous; après la dissolution on a ajouté 1 gramme de zinc et un supplément de 12 centimètres cubes d'acide sulfurique au sixième; permanganate employé............... 319,50

VII. 1 gramme de même acier, traité de la même manière; on filtre, lavage rapide du filtre à l'eau bouillante; permanganate employé................. 315,00

1 centimètre cube de la dissolution de permanganate

dont on a fait usage représentait à très-peu près $0^{gr},003$ de fer.

D'après ces essais, on voit :

II. Que du cuivre en morceaux ajouté à la fonte blanche n'a pas changé le volume de permanganate nécessaire pour la suroxydation du fer. Ce cuivre n'a exercé aucune action;

III. Que par l'addition de sulfate de cuivre dans la dissolution de la même fonte il a fallu verser $12^{cc},7$ de permanganate en sus de ce que l'on avait employé avant l'introduction du sel de cuivre. On aurait alors une erreur considérable, $0^{gr},038$ en plus sur le dosage au fer;

V. Qu'en ajoutant, pendant la dissolution du fer, du sulfate de cuivre, et en réduisant par le zinc, le permanganate a dépassé de 4 centimètres cubes le volume employé avant l'introduction du sel de cuivre; on aurait alors une erreur de plus de $0^{gr},012$ sur le fer dosé;

VI. Qu'en réduisant par le zinc la dissolution d'un acier dans laquelle on avait introduit du cuivre, il a fallu 3 centimètres cubes de permanganate de moins que ce qui était nécessaire pour opérer la suroxydation avant l'intervention du zinc.

VII. Qu'en réduisant par le zinc la dissolution d'un acier dans laquelle on avait mis un sel de cuivre, et filtrant après la réduction, il a fallu $4^{cc},5$ de permanganate en moins que lorsque le liquide traité par le zinc n'avait pas été filtré.

Il faut conclure de ces essais que le cuivre, quand il entre même en fort minime proportion dans le fer en barre, dans la fonte, ne permet plus un dosage précis du fer par le permanganate. En opérant sur 1 gramme de métal, on ne répondrait certainement pas de 4 ou 5 milligrammes de fer pur. En recourant à la précipitation du cuivre par le zinc, en filtrant pour séparer le cuivre réduit de la dissolution acide, on rentre dans les procédés ordinaires de l'analyse et l'emploi de la méthode volumétrique n'a plus d'autre avantage que celui d'une plus grande rapidité dans l'opération.

Il est donc nécessaire, avant de procéder au dosage du fer par le permanganate dans le fer en barre ou dans un acier, dans une fonte, de s'assurer de l'absence du cuivre; voici comment on parvient à reconnaître et à doser les plus faibles quantités de ce métal.

Procédés employés pour constater la présence du cuivre dans le fer.

Ces procédés reposent sur la séparation du cuivre et du fer par l'ammoniaque ; la liqueur ammoniacale, séparée de l'oxyde de fer, est neutralisée et additionnée d'une ou deux gouttes d'une dissolution de ferrocyanure de potassium qui détermine un précipité rouge brun. On peut déceler de cette manière des quantités de cuivre ne dépassant pas $\frac{1}{50000}$.

Pour avoir une idée de la sensibilité de cette méthode, on a dissous, dans 50 centimètres cubes d'eau chaude, 4 grammes de sulfate de fer exempt de cuivre; on y a ajouté $0^{gr},00025$ de cuivre à l'état de sulfate. On a porté à l'ébullition en additionnant lentement d'acide nitrique jusqu'à oxydation complète du fer. La liqueur étant maintenue bouillante, on y a ajouté un excès d'ammoniaque et jeté sur un filtre. Quelques centimètres cubes de cette liqueur filtrée, neutralisés aussi exactement que possible par de l'acide chlorhydrique et additionnés d'une goutte de dissolution concentrée de ferrocyanure, ont donné le précipité caractéristique de ferrocyanure de cuivre qui s'est rassemblé en flocons volumineux. En répétant cette expérience avec des quantités de cuivre égales à la moitié et au tiers de la quantité précédente, on a encore obtenu avec le ferrocyanure de fer un précipité brun rose très-appréciable.

Pour rechercher le cuivre dans les fers carburés, on en dissout 1 gramme dans 12 centimètres cubes d'acide sulfurique au $\frac{1}{8}$ en activant l'attaque par l'ébullition. On ajoute alors assez d'acide nitrique pour peroxyder le fer et 30 centimètres cubes d'eau. La liqueur étant à l'ébullition, on la sursature par l'ammoniaque et on la verse bouillante sur un filtre; on additionne le liquide filtré d'acide chlorhydrique étendu, de manière à arriver à une neutralité presque exacte, en conservant une très-faible réaction alcaline. Si l'on avait mis trop d'acide, il faudrait ajouter de nouveau assez d'ammoniaque pour arriver au point voulu. On ajoute alors deux gouttes de ferrocyanure de potassium en dissolution concentrée; le précipité apparaît presque instantanément et se rassemble en flocons.

Exemples : 1 gramme de fer de Suède n'a donné aucune trace de précipité.

1 gramme d'une fonte cuprifère a donné un précipité très-abondant et très-caractéristique.

Ce procédé, aussi rapide que sensible, ne permet cependant pas de doser le cuivre, et pour déterminer la quantité de ce métal qui entre quelquefois pour quelques millièmes dans les fers carburés, particulièrement dans certaines fontes, on a essayé la méthode que je vais décrire.

2 grammes du métal sont dissous dans un ballon taré, par un excès d'acide nitrique de 1,2 de densité; après la dissolution complète, on ajoute environ 150 à 200 centimètres cubes d'eau et l'on porte à l'ébullition; on met alors un excès d'ammoniaque et l'on place sur la balance pour prendre le poids du liquide. On jette le tout sur un filtre et l'on recueille sans laver la quantité de liquide qui passe. On mesure cette quantité qui renferme une partie proportionnelle du cuivre contenu dans les 2 grammes de fer attaqué, et on l'évapore dans une capsule de porcelaine. Quand le liquide est concentré en consistance sirupeuse, on additionne de 15 à 20 centimètres cubes d'eau régale destinée à détruire les sels ammoniacaux, et l'on évapore à sec. Le résidu est repris par 10 gouttes d'acide

chlorhydrique et un peu d'eau ; on filtre, si c'est nécessaire, et l'on ajoute quelques gouttes de sulfhydrate d'ammoniaque en ayant soin de maintenir la liqueur acide. Le sulfure de cuivre se dépose rapidement ; on le recueille sur un petit filtre et on le lave avec de l'eau contenant de 1 à 2 pour 100 de sulfhydrate d'ammoniaque. On dessèche à l'étuve et l'on incinère dans un creuset de porcelaine, en ayant soin d'y introduire deux ou trois fois un peu de fleur de soufre *pure*. On chauffe au rouge pendant quelques minutes, et l'on pèse. Il est utile, dans ces recherches délicates, d'employer deux filtres de poids égal placés l'un dans l'autre de manière à subir les mêmes traitements. On incinère séparément le filtre extérieur, et l'on retranche le poids de ses cendres du poids obtenu par l'incinération du filtre qui contient le sulfure de cuivre.

Premier exemple : 2 grammes d'une fonte cuprifère ont été placés dans un ballon de 400 centimètres cubes de capacité. Le poids est de 203 grammes. On ajoute 15 centimètres cubes d'acide nitrique à 1,2 de densité et autant d'eau, et l'on fait bouillir. Après la dissolution complète du fer, on ajoute environ 150 centimètres cubes d'eau et l'on porte de nouveau à l'ébullition ; ce point étant atteint, on additionne d'ammoniaque en agitant constamment, jusqu'à ce que la liqueur conserve une odeur fortement ammoniacale. On met alors sur la balance :

Le poids total est de....................	401 grammes
Avant l'addition des liquides le poids était..	203 »
Il y a donc dans le ballon, liquide.........	198 grammes

On jette sur un filtre et on laisse égoutter. On recueille 136 grammes de liquide. Ces 136 grammes contiennent les $\frac{136}{198}$ du cuivre contenu dans les 2 grammes d'une fonte attaquée. On les évapore dans une capsule de porcelaine jusqu'au volume d'environ 15 centimètres cubes, et l'on ajoute 20 centimètres cubes d'eau régale. On évapore doucement jusqu'à sec. Le résidu est humecté par 10 gouttes d'acide chlorhydrique concentré. Après une heure de contact, on ajoute 10 centimètres cubes d'eau et l'on jette sur un très-petit filtre; on lave la capsule et le filtre par de l'eau contenant 2 pour 100 d'acide chlorhydrique; le liquide recueilli a un volume d'environ 25 centimètres cubes. On ajoute dans cette liqueur, peu à peu et en remuant constamment, 5 gouttes de sulfhydrate d'ammoniaque concentré. La liqueur conserve son acidité et possède une odeur d'acide sulfhydrique. On jette sur un filtre double et on lave avec 20 centimètres cubes d'eau contenant quelques gouttes de sulfhydrate d'ammoniaque; on dessèche à l'étuve. Le filtre intérieur est incinéré dans un creuset de platine; on ajoute en 2 fois 5 à 6 centigrammes de fleur de soufre pure, et l'on porte au bon rouge; on obtient

	gr
Sulfure de cuivre Cu^2S........	0,0070
Le filtre-tare donne cendres....	0,0005
D'où sulfure de cuivre........	0,0065

Le sulfure de cuivre obtenu des 2 grammes de matière attaquée serait

$$0,0065 \times \frac{198}{136} = 0,0094 = \text{cuivre } 0^{gr},0075,$$

d'où, pour 1 gramme de fonte,

Cuivre $0^{gr},00375$.

Second exemple : 2 grammes de fonte traités de la même manière :

Liquide total...............	155^{gr}
Liquide recueilli............	97
Sulfure de cuivre obtenu......	0,0025 = cuivre 0,00223
Cuivre dans les 2^{gr} employés...	$0,00223 \times \frac{155}{97} = 0,00356$
Cuivre dans 1 gramme........	0,00178

En suivant les indications précédentes, de quantités égales de matière on obtient toujours les mêmes quantités de cuivre; cependant ce procédé, très-convenable pour découvrir les plus faibles proportions de ce métal, ne supporte pas l'épreuve de la synthèse; plusieurs essais ont établi qu'on ne retire que la moitié ou les trois quarts du cuivre que l'on a combiné au fer, ce qui tient, sans aucun doute, à cette circonstance, déjà signalée à l'occasion du dosage du manganèse et du phosphore dans les fers carburés, que toutes les fois qu'un abondant précipité de sesquioxyde ferrique est formé dans un liquide tenant un autre métal, il en entraîne ou en retient une partie, pour si faible qu'elle soit. Aussi, dans le cas dont il s'agit maintenant, pour avoir en sulfure la totalité du cuivre dissous, il convient de faire naître ce sulfure dans la dissolution sans en séparer préalablement le fer.

Voici comment on procède :

On dissout 1 gramme de fer dans 5 centimètres cubes d'acide chlorhydrique additionné d'un peu d'eau. Quand la dissolution est achevée, on sépare par le filtre les matières insolubles [1] et l'on s'arrange de manière à obtenir environ 50 centimètres cubes de liqueur dans lesquels on fait passer lentement un courant d'hydrogène sulfuré pendant deux heures. Le précipité est recueilli sur un filtre et lavé avec de l'eau contenant un peu d'hydrogène sulfuré jusqu'à élimination du fer. On sèche et l'on calcine au bon rouge. Le cuivre passe ordinairement en totalité à l'état d'oxyde; mais il resterait du sulfure que le dosage n'en serait pas affecté, le poids du sous-sulfure Cu^2S étant égal au poids de l'oxyde 2 (CuO).

On s'est préoccupé de savoir si la présence de l'arsenic

---

[1] Quand le fer contient des quantités un peu fortes de silicium, il faut évaporer à sec et reprendre par l'eau en ajoutant 3 centimètres cubes d'acide chlorhydrique.

influerait sur le dosage du cuivre, non qu'il puisse rester du sulfure d'arsenic volatil avec le sulfure de cuivre qui est fixe, mais parce que l'arsenic pouvait, en se combinant au cuivre, acquérir une stabilité plus grande. L'expérience a fait voir qu'il n'en est rien.

Un fer cuivreux a été traité comme il est dit ci-dessus. On a obtenu

	gr
Oxyde (ou sulfure) de cuivre......	0,0135
Dosant, cuivre métallique.........	0,0107

Le même fer a été fondu avec du charbon et de l'arséniate de potasse; il est devenu extrêmement cassant, parce qu'il contenait une quantité très-notable d'arsenic.

On a fait le dosage du cuivre de la même manière; le sulfure de cuivre se trouvait mélangé avec beaucoup de sulfure d'arsenic. Tout l'arsenic ne s'était donc pas dégagé pendant l'attaque, à l'état d'hydrogène arsénié, ce qui, au reste, était à prévoir.

Pendant la calcination, le sulfure d'arsenic a été volatilisé, et l'on a obtenu

	gr
Oxyde (ou sulfure) de cuivre.......	0,0130
Dosant, cuivre métallique.........	0,0104

L'arsenic est donc sans influence sur le dosage du cuivre dans ces conditions.

Dosage du fer dans les fontes par le permanganate de potasse.

Dans les fontes blanches ne renfermant que du carbone combiné et se dissolvant par conséquent dans les acides sans laisser de résidu, on procède au dosage du fer comme s'il s'agissait de fer en barres ou d'acier. Pour la fonte grise, pour la fonte truitée tenant à la fois du carbone combiné et du graphite, l'opération est plus compliquée. Cela tient à ce que le résidu graphiteux, après la dissolution de ces fontes, retient fortement une matière huileuse, un carbure d'hydrogène, réduisant l'acide permanganique. L'élimination du carbone du graphite doit donc précéder le dosage du fer. 1 gramme de fonte en copeaux ou en limaille est mis dans une nacelle de platine que l'on introduit dans un tube de platine, dont la température est maintenue au rouge vif pendant le passage du gaz oxygène fourni par un gazomètre. Le courant est dirigé avec lenteur : l'oxydation est assez rapide; quand elle est achevée, on remplace le courant d'oxygène par un courant de gaz hydrogène. Le fer métallique résultant de la réduction de l'oxyde est refroidi dans l'hydrogène.

La nacelle est glissée avec le métal qu'elle contient dans un matras d'essayeur, dans lequel on verse 25 centimètres cubes d'acide sulfurique au $\frac{1}{6}$ et l'on dose le fer privé de carbone en suivant, en tous points, la méthode précédemment décrite.

Deux dosages ont été exécutés sur une fonte grise : l'un sur la fonte en nature, l'autre sur la même fonte, en commençant par la brûler dans l'oxygène pour en détruire le carbone; réduisant ensuite l'oxyde par l'hydrogène pour ramener le fer à l'état métallique.

Titre du permanganate... $327^{cc} = 1^{gr}$ de fer.

I. — *Fonte tenant le carbone.*

1 gramme traité par 25 centimètres cubes d'acide sulfurique au $\frac{1}{6}$. Après la dissolution, le graphite est resté en suspension dans la liqueur acide.

Pour suroxyder, il a fallu :

Permanganate... $\frac{307^{cc},6}{327}$ = fer dans 1 de fonte $0^{gr},94067$.

II. — *Fonte privée de carbone, après la pesée.*

1 gramme placé dans une nacelle de platine, et brûlé dans un courant d'oxygène après réduction par l'hydrogène, on a eu du fer métallique, que l'on a glissé dans le matras d'essayeur sans le détacher de la nacelle. On a versé 25 centimètres cubes d'acide sulfurique au $\frac{1}{6}$. La dissolution a été rapide, le gaz dégagé n'avait que fort peu d'odeur.

Pour la suroxydation :

Permanganate... $\frac{307^{cc},2}{327}$ = fer dans 1^{gr} de fonte $0^{gr},93945$.

On voit que le carbure d'hydrogène et le graphite auquel il était mêlé après le traitement par l'acide sulfurique ont décoloré $0^{cc},4$ de permanganate, donnant ainsi, en apparence, $0^{gr},001$ de fer en plus de ce qui s'y trouvait réellement. L'erreur est assez forte pour que la fonte grise soit décarburée avant le traitement par l'acide, lorsque le dosage au fer doit avoir une grande précision ; mais, dans le cas où il y aurait à l'évaluer à $\frac{1}{2}$ centième près dans une fonte grise, la décarburation ne serait pas nécessaire.

J'ai réuni en un tableau les résultats d'un certain nombre de dosages du fer, du carbone combiné, du silicium et du soufre, exécutés sur du fer en barres, provenant de la fonte de Ria, puddlée à Unieux, et sur du fer de Suède de diverses marques.

Le fer a été déterminé par la méthode volumétrique de M. Margueritte, le carbone par la chloruration opérée au moyen du bichlorure de mercure, le silicium par la voie sèche, le soufre en le combinant à l'argent.

La moyenne de dix essais est :

Pour le fer en barres d'Unieux, fer pur...	0,99116
Pour le fer en barres de Suède, » ...	0,99563

La moyenne de six dosages de carbone a été, pour le fer d'Unieux :

Carbone combiné.................... 0,00135

La moyenne de huit dosages de carbone :

Pour le fer de Suède.................... 0,00184

On a éliminé les marques suédoises C couronné et OO, parce que, dans ces deux échantillons, les quantités de carbone étaient anormales, ces fers étant en réalité des aciers doux, prenant une assez grande dureté par la trempe.

	Silicium.
Dans le fer d'Unieux, moyenne de trois dosages..........................	0,00096
Fer de Suède, moyenne de sept dosages...	0,00078

	Soufre.
Fer d'Unieux, moyenne de deux dosages..	0,00032
Fer de Suède, moyenne de dix dosages...	0,00029

	Fer.	Carbone.	Silicium.	Soufre.
Fer en barres, d'Unieux, année 1870..........	0,9918	0,0013		
» » »	0,9905	0,0017		
» » »	0,9912			
» » »	0,9911	0,0011		
» » année 1871........	0,9901	0,0020		0,00053
» » »	0,9919			
» » »	0,9923	0,0008	0,00093	
» » »	0,9911			
» » année 1873........	0,9905	0,0012	0,00105	0,00012
» » »	0,9911		0,00090	
» de Suède, marque B..........	0,9956	0,0008	0,00006	0,00008
» » » L..........	0,9954	0,0032	0,00016	0,00015
» » » HB..........	0,9908	0,0037	0,00140	0,00021
» » » F..........	0,9968	0,0014	0,00060	0,00055
» » » S..........	0,9961	0,0027	0,00070	0,00040
» » » C couronne..	0,9936	0,0072		0,00010
» » » OO..........	0,9893	0,0072		0,00018
» » » JB..........	0,9968	0,0006		0,00055
» » » W..........	0,9961	0,0014		0,00027
» » » AGL..........	0,9974	0,0009	0,00080	0,00030
» » sans marque..........			0,00175	

§ VIII.

Limite de la carburation du fer.

Le carbone se rencontre en proportions fort variables dans les fers carburés; il entre généralement pour 1 à 2 millièmes dans le fer en barres, pour 4 à 7 millièmes dans les aciers doux, pour 10 à 12 millièmes dans les aciers durs, pour 15 millièmes dans les aciers très-durs. Dans les fontes, cette proportion est ordinairement de 2 à 4 centièmes, très-exceptionnellement 5 centièmes. Cette limite maxima serait une présomption pour croire à un composé défini, si les résultats fournis par l'analyse n'étaient pas à rejeter pour la plupart, parce que, les fontes renfermant souvent du manganèse en notable quantité, toujours du silicium, du phosphore, du soufre, quelquefois même du chrome, il devient dès lors impossible de déduire nettement le rapport existant entre le poids du fer et celui du carbone. Ajoutons que, dans bien des cas, le métal n'est pas au maximum de carburation; j'ai eu, en effet, l'occasion de m'en assurer.

Dans la question de savoir si le carbone et le fer forment une combinaison fixe, on ne doit accepter comme éléments de la discussion que des observations faites sur des composés dans lesquels il n'entre autre chose que du carbone et du fer pur ou approchant de l'état de pureté; aussi les résultats dont on peut tirer parti se réduisent à quelques-uns, encore laissent-ils à désirer en ce qui concerne le dosage du carbone.

I. M. Dick ([1]) a employé, pour carburer le fer, du noir de fumée, provenant de la combustion de l'essence de térébenthine.

([1]) Percy, *Traité de Métallurgie*, t. II, p. 191, traduction.

A. Du sesquioxyde de fer, mélangé avec du noir de fumée ajouté en excès, a été soumis à une forte chaleur. On a obtenu un culot gris foncé, très-graphiteux.

Le fer fut dosé par une dissolution titrée de bichromate de potasse :

1er dosage....................	95,93
2e »	95,87
Moyenne......	95,80
Carbone par différence...........	4,20

B. Dans une seconde expérience, faite avec les mêmes matériaux, on retira plusieurs petits culots et globules de métal peu homogènes. Le métal fut dosé par le bichromate de potasse.

	Fer.	Carbone par différence.
1er dosage..........	96,75	3,25
2e »	97,42	2,58
3e »	96,40	3,60
4e »	96,05	3,95

Il est bien probable que le fer n'avait pas été carburé au maximum.

C. Du sesquioxyde de fer provenant de la calcination du sulfate a été chauffé avec du charbon; on obtint des globules dans lesquels on dosa le graphite, en laissant digérer le métal dans l'acide chlorhydrique (1) :

Fer..........................	95,66
Graphite.....................	4,56
	100,22

On ne dit pas si le graphite a été brûlé dans un courant d'oxygène pour en constater la pureté. Durant la dissolu-

(1) Percy, t. II, p. 193.

tion du métal, le gaz hydrogène dégagé était fétide, indice de carbone combiné dont on n'a pas tenu compte. Cette expérience montre néanmoins que la plus grande partie du carbone se trouvait à l'état de graphite. En évaluant le carbone par différence, ce que je crois préférable à cause de l'imperfection du dosage, on aurait :

Fer	95,66
Carbone	4,34
	100,00

II. M. Hochstätter a préparé le fer carburé en réduisant du sesquioxyde exempt de soufre, mais renfermant des traces de silice, dans un creuset brasqué avec du charbon de bois. On a chauffé pendant huit heures, à une température relativement basse [1].

D. Le culot était bien fondu, d'un gris foncé, à cassure grenue ; il contenait :

Fer	95,85
Carbone par différence	4,15
	100,00

E. Le sesquioxyde fut mélangé à du graphite de Ceylan et introduit dans un creuset de graphite recouvert avec de la plombagine, puis chauffé pendant huit jours à une température relativement peu élevée. On obtint un culot bien fondu, dont le haut était parsemé de brillantes paillettes de graphite paraissant séparées du métal. Le culot contenait :

Fer	95,13
Graphite dosé	4,63
	99,76

[1] On chauffait pendant deux heures par jour.

La perte est probablement due à du carbone combiné; dans cette supposition, on aurait :

Fer................................	95,13
Carbone par différence..............	4,87
	100,00

III. M. Sefström [1] fondit du fil de fer de Taberg dans un creuset de charbon. Le creuset avait été recouvert de carbonate de chaux. Après une heure de chauffe, on eut un culot bien fondu, à cassure grise, feuilletée. Le poids du fer avait augmenté de 4,34 pour 100.

F. On a, pour la composition :

Fer................................	95,66
Carbone............................	4,34
	100,00

IV. En soumettant à une haute température de la tôle mise dans un lit de charbon chimiquement pur, M. Weston [2] obtint un métal très-graphiteux, dans lequel il entrait 4,50 de carbone pour 100.

G. Fer par différence..............	95,50
Carbone............................	4,50
	100,00

En rejetant l'expérience B, dans laquelle la carburation du métal n'a pas été complète, on a, pour la composition du fer carburé au maximum :

---

(1) Percy, t. II, p. 195.
(2) Percy, t. II, p. 227.

		Fer.	Carbonate total.
Dick,	A...	95,80	4,20
	C...	95,66	4,34
Hochstätter,	D. .	95,85	4,15
	E...	95,13	4,87 ou 4,63
Sefström,	F...	95,66	4,34
Weston,	G...	95,50	4,50
Moyennes. .		95,60	4,40

Karsten, dans un Mémoire sur la combinaison du fer avec le carbone [1], a cherché à démontrer que le fer carburé au maximum contient 0,051 de carbone. Ses observations ont porté sur une fonte blanche très-lamelleuse des forges de Müsen, principauté de Siegen.

Pour doser le carbone, la fonte était attaquée par le chlorure d'argent, afin de mettre à la fois en liberté le graphite et le carbone combiné.

Un poids de fonte, égal à celui qui avait été employé dans ce premier traitement, était dissous dans l'acide nitrique avec addition d'un peu d'acide chlorhydrique; on enlevait ensuite le charbon combiné mis à nu par l'action de l'acide, ainsi que la silice, à l'aide de la potasse caustique. Le poids du résidu donnait le graphite. En retranchant ce poids de celui du charbon total libéré par le chlorure d'argent, on avait le carbone combiné dissous par la potasse.

Pour diminuer la difficulté qu'on éprouve à recueillir la poussière de charbon disséminée dans l'argent réduit du chlorure, Karsten prit le parti de transformer la fonte blanche lamelleuse en fonte grise, afin de n'avoir à doser, en grande partie, que du graphite.

La fonte fut fondue et refroidie très-lentement.

---

[1] Karsten, *Manuel de la Métallurgie du fer*, t. I, traduction.

	Régules
I. Dans un creuset d'argile................	gris foncé.
II. Dans un creuset de plombagine.........	gris foncé.
III. Dans un creuset rempli de noir de fumée.	gris très-foncé.

L'analyse aurait donné

	Carbone combiné.	Graphite.	Total.
I.......	1,00	4,05	5,05
II......	0,81	4,29	5,10
III......	0,60	4,62	5,22

	I.	II.	III.
Fer par différence...	94,95	94,90	94,78
Carbone total......	5,05	5,10	5,22
	100,00	100,00	100,00

On remarquera que le fer a été déduit, par différence, du poids du carbone dosé très-imparfaitement. M. Percy a fait remarquer avec raison que dans les fontes spéculaires semblables, quant à l'aspect, à la fonte de Müsen, on trouve ordinairement 4 pour 100 de manganèse, et qu'on ne dit nulle part que la fonte employée fût exempte de ce métal; il n'aurait pas fait mention des résultats obtenus par Karsten si ce métallurgiste éminent n'en eût déduit cette conséquence, que la fonte blanche lamelleuse au maximum de carburation est une combinaison définie, qu'on peut représenter par Fe^4C.

Fer..................................	94,92
Carbone............................	5,08
	100,00

En comparant la composition de plusieurs fontes grises à celle de la fonte lamelleuse, dont la formule serait Fe^4C, Karsten arrive à cette conclusion, que, contrairement à l'opinion la plus répandue, la fonte grise contiendrait moins de carbone que la fonte blanche, 0,04 (moyenne de cinq analyses), ce qu'il explique en supposant que la quantité de carbone retenue par le fer diminue à mesure que la température des hauts-fourneaux s'élève, et que c'est pour cette raison que la fonte noire provenant du chauffage au coke renferme moins de carbone [1].

Je n'ai pas trouvé une différence bien prononcée entre le carbone de la fonte blanche et celui de la fonte grise obtenue à l'air chaud. Voici quelques dosages :

	Carbone combiné.	Graphite.	Carbone total [2].
Fontes blanches manganésifères de Follonica (Toscane)....	4,06	traces	4,06
» de Ria (Pyrénées-Orientales)	3,45	0,00	3,45
» »	4,00	0,00	4,00
» »	4,26	0,00	4,26
» »	4,06	0,06	4,12
Fontes grises de Ria (Pyrénées-Orientales), air chaud.	0,70	3,30	4,00
» » air froid..	1,50	2,10	3,60
Fonte truitée »	4,00	indice	4,00

Dans ces fontes, on le voit, la proportion de carbone se rapproche beaucoup de celle du fer carburé en creuset brasqué; est-ce à dire que, dans certaines conditions, elle ne pourrait pas être dépassée? Non, sans doute : ainsi l'on a signalé jusqu'à 0,06 de carbone. Acceptant ce chiffre, malgré l'incertitude de dosages faits à une époque déjà éloignée, on conçoit qu'un fer saturé de carbone en fusion en laisse échapper à l'état de graphite, par l'effet de variations survenues dans la température. En réalité ce graphite, quoique adhérent, n'appartiendrait plus à la masse d'où il se-

[1] KARSTEN, *Manuel de métallurgie*, t. I, p. 488.

[2] Les fontes ont été obtenues au charbon de bois.

rait sorti, et si le métal reste en contact avec la brasque, la saturation sera maintenue, parce qu'il reprendra à cette brasque le carbone qu'il aura laissé échapper; on aurait alors du fer carburé au maximum, sur lequel seraient entés des cristaux de graphite ([1]).

Dans une expérience que j'ai faite sur de la fonte grise de Ria, il s'est produit ce qu'on pourrait nommer une sursaturation apparente du fer par le carbone.

Une plaque de fonte a été mise dans une caisse de four à cémenter, où elle est restée pendant un mois.

Les dosages ont indiqué, dans 100 de fonte :

Avant la cémentation, carbone total.	4,05
Après la cémentation.......... ..	5,07
Carbone acquis..................	1,02

La fonte avait pris par la cémentation une teinte presque noire; sa cassure présentait de nombreuses facettes, au milieu desquelles on distinguait des cristaux, des lamelles de graphite d'un grand éclat. Maintenant il y a lieu de se demander, et c'est ce qui atténue la netteté de l'observation, si le carbone acquis s'est porté uniquement sur le fer, si le manganèse n'en a pas fixé une partie, si enfin, comme je le suppose, le carbone graphitique dispersé en cristaux, à la surface et dans l'intérieur de la fonte cémentée, était, pour une certaine proportion, réellement indépendant de la masse métallique.

Ces questions sont une nouvelle preuve que les fontes, par leur nature complexe, conviennent peu pour discuter quel est le maximum de carburation, et par suite pour dé-

([1]) Pour montrer combien les résultats de certains dosages de carbone sont suspects, je citerai la fonte de La Nouvelle (Aude) à laquelle Rivot assigne 0,065 de carbone combiné et 0,001 de graphite. Dans cette même fonte je n'ai jamais trouvé plus de 0,045 de carbone total.

cider si réellement le métal et le carbone s'unissent en proportions définies.

Avant de faire connaître les expériences exécutées dans les aciéries de Jacob Holtzer, pour déterminer ce maximum, je rappellerai sommairement les propriétés générales de la fonte, afin de voir si nous les retrouverons dans un métal fortement carburé, et différant des produits des hauts-fourneaux en ce qu'il n'y entre autre chose que du fer et du carbone.

Les fontes blanches lamelleuses proviennent de minerais manganésifères; l'ampleur, l'éclat argentin de leurs facettes dépendent surtout de leur teneur en manganèse, variant communément de 2 à 7 pour 100; elles sont dures, cassantes à ce point qu'on peut les pulvériser. Les minerais, alors même qu'ils contiennent peu de manganèse, fournissent encore, suivant l'allure du haut-fourneau et particulièrement par des *coulées froides*, de la fonte blanche grenue.

Les fontes blanches contiennent le carbone à l'état combiné, du moins pour la plus grande partie : aussi, traitées par les acides, laissent-elles fort peu de résidu, le carbone étant éliminé en carbures d'hydrogène gazeux ou volatils.

Les fontes grises doivent leur aspect à du graphite disséminé; elles sont produites dans les fourneaux à allures chaudes : le carbone y est à deux états, combiné et libre. Quand on les dissout dans un acide, elles donnent un résidu graphiteux.

La fonte blanche est plus fusible que la fonte grise; elle acquiert une consistance pâteuse avant d'être liquéfiée. Tout au contraire, la fonte grise entre en fusion instantanément : elle est ou solide, ou liquide. Fondue et refroidie rapidement, la fonte blanche conserve tout ou presque tout son carbone à l'état combiné. Refroidie lentement, on assure qu'elle se change en fonte grise, une partie du carbone se séparant à l'état de graphite.

La fonte grise liquéfiée et refroidie promptement passe à l'état de fonte blanche, le graphite se combinant au métal : aussi arrive-t-il, lorsqu'on la coule sur un corps bon conducteur, dans une lingotière, que la partie solidifiée subitement au contact du métal froid devient de la fonte blanche, tandis qu'au-dessus de la zone touchant le moule et qui a subi une sorte de trempe le métal conserve les caractères de la fonte grise. C'est ce qu'on observe dans le moulage en coquille ; la surface des pièces coulées ainsi est blanche et dure. Cette modification se manifeste alors même qu'on agit sur de grandes masses. Une chabotte du poids de 56000 kilogrammes, fondue par M. J. Holtzer dans l'usine d'Unieux, avait sa superficie convertie en fonte blanche.

Ainsi du fer fortement carburé, en fusion, prendra les caractères de la fonte blanche ou de la fonte grise, suivant qu'il aura été refroidi rapidement ou avec lenteur, et cela sans qu'il y ait d'autre changement dans la constitution initiale qu'une modification survenue dans l'état physique du carbone.

La transformation d'une fonte blanche, dans laquelle le carbone est invisible parce qu'il est combiné, en fonte grise dans laquelle on aperçoit le carbone parce qu'il est libre, doit, ce me semble, être attribuée à ce que le fer, à une température élevée, s'unit au carbone, soit en s'y combinant chimiquement, soit en le dissolvant.

La combinaison est d'autant plus vraisemblable que, d'un côté, il est établi qu'à un haut degré de chaleur le fer dans un contact prolongé avec du charbon de bois maintenu en excès ne fixe qu'une quantité limitée de carbone, et de l'autre, qu'en s'associant à un corps absolument réfractaire il forme un composé fusible à un degré de beaucoup inférieur à celui de sa fusion lorsqu'il est pur. Il est vrai que, par un abaissement graduel dans la température, le fer carburé au maximum (fonte) et fondu abandonne du carbone qui apparaît à l'état de graphite dans la masse refroidie. Il y a là, il faut bien le reconnaître, de l'analogie avec ce qui a lieu quand un sel est séparé d'une dissolution chaude et saturée en voie de refroidissement, ou mieux encore dans la précipitation du silicium graphitoïde du zinc avec lequel il était uni pendant la fusion.

Quelle que soit, du reste, l'opinion à laquelle on s'arrête sur l'état du carbone dans le fer carburé fondu, combinaison en proportion définie ou solution saturée, toujours est-il que, par le fait de l'apparition du graphite durant le refroidissement, le composé, ou la dissolution, est appauvri de tout le carbone devenu libre.

Tout porte donc à croire que, dans le fer carburé en fusion, la totalité du carbone est combinée au métal, et que c'est pendant l'abaissement de la température qu'une partie de ce carbone est mise en liberté. Il ne faudrait pas en tirer la conséquence que le fer carburé au maximum n'existe qu'à l'état liquide, puisqu'il suffit que la solidification soit rapide pour qu'il n'y ait pas séparation de graphite. La masse métallique solide est alors homogène, analogue par la couleur, la dureté, la fragilité à la fonte blanche; tout le carbone est combiné au fer comme il l'était pendant la fusion. Il n'en est pas ainsi quand par un refroidissement lent il y a apparition de graphite : la masse métallique devenue solide ne possède plus une constitution homogène, elle a la ténacité, la ductilité, l'aspect d'une fonte grise; il s'y trouve cette fois du carbone en combinaison, du carbone libre et très-probablement du fer pur, à moins d'y admettre avec Karsten des polycarbures dont l'existence est fort contestable.

C'est pour corroborer les idées que je viens d'émettre sur la nature des fers carburés qu'on institua à Unieux, dans l'usine Holtzer, une expérience sur la combinaison du fer avec le carbone. Comme on devait opérer sur de fortes quantités de métal, on ne pouvait employer du fer préparé dans le laboratoire; mais très-heureusement on put disposer d'un fer de Suède exempt de manganèse et approchant de l'état de pureté.

En voici la composition :

Fer	0,9961
Manganèse	traces
Carbone combiné	0,0027
Silicium	0,0007
Soufre	0,0004
Phosphore	0,00016
	1,00006

La barre, débarrassée de la rouille, a été coupée à la cisaille en morceaux du poids moyen de 140 grammes, après qu'on eut prélevé en divers points de sa surface des copeaux pour les analyses.

I. Dans un creuset brasqué n° 2, on a mis 10 kilogrammes de fer en fragments, en ayant soin de remplir les intervalles avec du charbon de bois.

II. Dans un creuset brasqué n° 1, 10 kilogrammes de fer ont été disposés comme dans le creuset n° 2.

Les creusets, ayant chacun 8 centimètres de brasque à la partie supérieure, fermés par des couvercles lutés avec de la terre grasse, ont été placés dans un four Siemens. Une plaque de fonte à surface nette et bordée d'une frette de lingotière avait été disposée pour recevoir le métal en fusion.

La coulée du creuset n° 2 eut lieu après trois heures cinquante minutes de feu, la matière était très-liquide; solidifiée, elle avait une épaisseur de 10 à 14 millimètres, divisée en deux zones à peu près égales, sans séparation bien tranchée (*fig.* 9); la zone inférieure A, trempée par le contact de la plaque de fonte, était blanche, formée par un assemblage d'étroites lamelles parallèles n'ayant pas l'éclat des *spiegeleisen*. La zone supérieure B présentait une teinte gris foncé, un grain fin. Sur quelques points, les deux zones en se pénétrant prenaient l'apparence d'une fonte truitée.

Fig. 9.

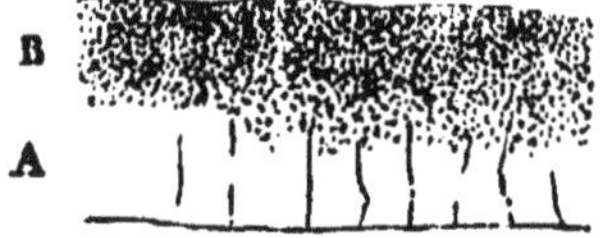

La coulée du creuset n° 1 fut faite après neuf heures dix minutes de four, quand la température égalait certainement celle exigée pour la fonte d'un acier très-doux; le métal était tellement chaud qu'il dissolvait la tige de fer avec laquelle on empêchait la brasque de sortir du creuset. La plaque, au point où tombait le jet, s'est soudée au fer carburé. La coulée, d'une épaisseur de 13 à 15 millimètres (*fig.* 10), était séparée en deux parties parfaitement limitées.

Fig. 10.

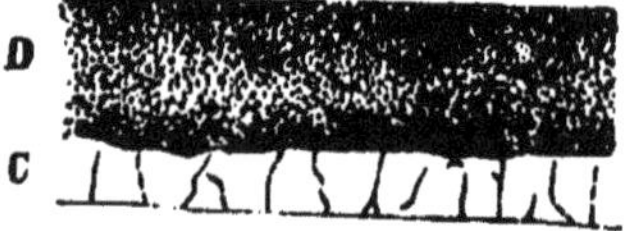

La zone inférieure *trempée* C était blanche, elle avait environ le tiers de l'épaisseur de la zone supérieure D, grenue et d'un gris foncé.

Dans les creusets refroidis, on n'aperçut pas le moindre indice de scorie.

Dans cette expérience, dirigée par M. Brustlein, le fer carburé s'est comporté comme la fonte des hauts-fourneaux; par un refroidissement subit, par la trempe opérée au contact du moule, il a pris l'aspect de la fonte blanche; la partie supérieure, refroidie plus lentement, a acquis celui d'une fonte graphitique, d'une fonte grise; la quantité de fer carburé changée en métal blanc a été la plus forte dans la coulée la moins chaude sortie du creuset n° 2; la moins forte dans la coulée du creuset n° 1 dont la température approchait de celle de la fusion du fer. Le manganèse, le silicium, le phosphore n'ont pu exercer d'influence sur les résultats constatés, par la raison que le fer soumis à la carburation n'en renfermait que des proportions insignifiantes.

Il restait à connaître la composition des produits obtenus. Je me bornerai ici à donner les teneurs en fer et en carbone, me réservant de présenter l'ensemble de la constitution des matières analysées à l'occasion d'une discussion qui trouvera sa place dans une autre partie de ce travail.

	Fer carburé n° 2, chauffé pendant $3^h 50^m$.		Fer carburé n° 1, chauffé pendant $9^h 10^m$.		Zone blanche n° 1.		Zone grise n° 1.	
Fer	0,9499		0,9501		0,9515		0,9474	
Carbone combiné	0,0309	0,0440	0,0208	0,0406	0,0355	0,0397	0,0266	0,0476
Graphite	0,0131		0,0198		0,0042		0,0210	
	0,9939		0,9907		0,9912		0,9950	

Exprimant en centièmes le rapport du fer au carbone, on a

	Fer carburé n° 2.		Fer carburé n° 1.		Zone blanche n° 1.		Zone grise n° 1.	
Fer	95,57		95,90		95,99		95,22	
Carbone combiné	3,11	4,43	2,10	4,10	3,585	4,01	2,67	4,78
Graphite	1,32		2,00		0,425		2,11	
	100,00		100,00		100,00		100,00	

Le carbone total est à peu près le même dans le fer carburé n° 2, dans le fer carburé n° 1 et dans la zone blanche du n° 1; il est sensiblement plus fort dans la zone grise n° 1. Il y a, par conséquent, tout lieu de penser que, lorsque le métal carburé était en fusion, il y avait la même quantité de carbone dans la fonte du creuset n° 2 et dans la fonte du creuset n° 1, malgré la très-grande différence des températures. Admettant que l'apparition du graphite dans le fer carburé est la conséquence d'un refroidissement plus ou moins rapide, il est naturel que le métal de la coulée la moins chaude n'ait pas autant de graphite et plus de carbone combiné que le métal n° 1 de la coulée la plus chaude. La zone blanche trempée du métal n° 1 a la composition de certaines fontes blanches non manganésifères; la zone graphitique qui lui est superposée a la composition d'une fonte grise de Ria obtenue à l'air froid.

Aucun des deux fers carburés n° 2 et n° 1 pris dans leur ensemble, ni les parties blanche et grise du n° 1 n'approchent par leur constitution de la formule Fe^4C admise par Karsten.

Fer	94,92
Carbone	5,08
	100,00

La partie grise du fer n° 1 s'en éloignerait le moins.

Il est remarquable que les fers carburés préparés avec 10 kilogrammes de métal, et les fers carburés obtenus en opérant sur de petites quantités de matières, aient tous une même composition approchant de la formule Fe^6C.

Je reproduis ici les divers résultats d'expériences dans lesquelles on a dosé le fer et le carbone, ou tout au moins le fer avec une suffisante exactitude.

	Fer.	Carbone total.
Dick, A	95,80	4,20
Id. C	95,66	4,34
Hochstätter, D	95,85	4,15
Id. E	95,13	4,87
Selfstrom, F	95,66	4,34
Weston, G	95,50	4,50
Boussingault, fer carburé n° 2	95,57	4,43
Id. id n° 1	95,90	4,10
Id. partie blanche du n° 1	95,99	4,01
Id. partie grise du n° 1	95,22	4,78

Dans les fusions opérées à l'usine d'Unieux, aucun des fers carburés au maximum n'était exempt de graphite : c'est dans la zone blanche trempée n° 1 qu'on en a trouvé le moins, $\frac{4}{1000}$. En négligeant cette faible quantité, en la supposant unie au métal, cette zone blanche aurait presque la composition théorique Fe^5C, 1 équivalent de carbone *combiné* à 5 équivalents de fer ; et le fer carburé n° 1, coulé à une température des plus intenses, a exactement la composition Fe^5C.

Fer....	95,90
Carbone........	4,10
	100,00

Et cependant une moitié seulement du carbone est *combinée*, l'autre moitié est libre : c'est du graphite. La totalité du carbone était sans aucun doute unie à la totalité du fer dans le carbure en fusion; la dissociation d'une partie du composé Fe^5C aurait commencé pendant l'abaissement de la température. Si donc la zone blanche trempée n° 1 a conservé la composition Fe^5C qu'elle avait à l'état liquide, c'est que le refroidissement a été subit et que, par conséquent, les molécules de graphite n'ont pas eu le temps de se réunir en vertu de l'affinité qui les attire l'une vers l'autre, lorsque la masse métallique approche de la consistance visqueuse.

La dissociation ayant pour indice l'apparition du graphite a dû s'accomplir dans tous les fers carburés où l'on trouve ce carbone, et, comme il ne saurait y avoir dans le métal refroidi 1 équivalent de carbone libre sans qu'il y ait en même temps 5 équivalents de fer libre, il en résulte qu'après la solidification il est permis de le considérer comme un mélange de fer carburé Fe^5C, de graphite et de fer. Il serait, en effet, peu naturel de supposer que la masse où le graphite est disséminé fût formée d'un ou plusieurs polycarbures ; autant vaudrait admettre que le fer et le carbone se combinent en toutes proportions, ce qui serait sans précédent en Chimie, et d'autant plus singulier qu'il est établi par les expériences que j'ai fait connaître que, quelle que soit l'intensité de la température, le fer ne prend qu'une quantité limitée de carbone. Ainsi ce métal, qui s'unit quelquefois à $\frac{1}{10000}$ et moins de ce combustible, ne pourrait pas en prendre plus de 4 à 5 centièmes.

Admettant qu'un fer carburé au maximum, puis solidifié, dans lequel il y a du carbone libre, soit un mélange de Fe^4C de graphite et de fer, recherchons comment, après avoir éliminé le graphite, les divers produits obtenus à l'usine d'Unieux seraient constitués :

	Fer carburé n° 2.	Fer carburé n° 1.	Zone blanche n° 1.	Zone grise n° 1.
Fer.	95,57 = 96,85	95,90 = 97,86	95,99 = 96,40	95,22 = 97,27
Carbone combiné.	3,11 = 3,15	2,10 = 2,14	3,585 = 3,60	2,67 = 2,73
	100,00	100,00	100,00	100,00

Le fer et le carbone restant formeraient des combinaisons très-variées, s'il est vrai que la totalité du métal soit unie chimiquement au carbone. Les compositions ne s'accorderaient avec aucune des formules

	Fe^6C.		Fe^7C.		Fe^8C.		Fe^9C.
Carbone.	3,45	Carbone.	2,97	Carbone.	2,61	Carbone.	2,33
Fer......	96,55	Fer.	97,03	Fer.	97,39	Fer....	97,67
	100,00		100,00		100,00		100,00

Il n'y a aucune raison pour les accepter, pas même Fe^8C, l'octocarbure que M. Gurlt signale dans la fonte grise, qui serait d'après lui un mélange de Fe^8C et de graphite (1).

---

(1) PERCY, *Traité de Métallurgie*, t. II, p. 210.

J'ai dit quelle est la présomption en faveur de la formule Fe^5C. D'abord elle s'accorde avec la composition du fer carburé au maximum tant qu'il est en fusion, composition persistant dans le métal solidifié très-rapidement. Quand la solidification a eu lieu lentement, le fer carburé est mêlé à du graphite, à du fer.

D'après cette vue, les produits de l'expérience exécutée à Unieux seraient ainsi constitués :

	Fer carburé		Zone blanche	Zone grise
	n° 2.	n° 1.	du n° 1.	du n° 1.
Fer carburé Fe^5C.	75,85	51,22	87,44	65,12
Fer métallique...	22,83	46,78	12,14	32,77
Graphite........	1,32	2,00	0,42	2,11
	100,00	100,00	100,00	100,00

Quelle que soit, au reste, la probabilité de l'existence d'un composé Fe^5C, on ne saurait l'accepter définitivement qu'autant qu'on serait parvenu à l'isoler d'une fonte grise. On peut en dire autant des composés Fe^4C, Fe^8C, admis par Karsten et M. Gurlt. La difficulté de cet isolement réside dans la faiblesse de l'union du fer avec le carbone. Les agents les moins énergiques décomposent les carbures; il suffit de l'affinité réciproque des molécules de carbone tendant à former des cristaux de graphite pour en déterminer la dissociation.

Rien de plus curieux que ces changements dans la nature du fer carburé au maximum, opérés par des effets de température : la fonte grise transformée en fonte blanche par l'union de carbone libre et de fer libre; et réciproquement la fonte blanche métamorphosée en fonte grise par la mise en liberté du carbone et du fer.

Les occasions d'observer la transformation de la fonte grise en fonte blanche sont fréquentes dans les forges; il n'en est pas ainsi de la transformation de la fonte blanche en fonte grise. Je ne connais même qu'une seule expérience directe, celle que fit Karsten en laissant refroidir lentement de la fonte lamelleuse de Müsen en fusion dans des petits creusets de terre. Aussi ai-je cru faire une chose utile en instituant, à l'usine Jacob Holtzer, un essai pour opérer cette transformation, en agissant sur une forte quantité de métal, afin de rendre le refroidissement de la masse fondue le plus lent possible.

A quatre heures du soir, deux creusets contenant chacun 15 kilogrammes de fonte blanche lamelleuse de Ria ont été placés dans un four Siemens, dans lequel on fondait de l'acier. A 7 heures, comme on devait mettre hors, on fit fermer. Le refroidissement fut assez lent pour que trente-six heures après la fermeture les creusets fussent encore rouge-cerise obscur; le refroidissement dura cinquante heures. On brisa les creusets, dans chacun desquels on trouva une masse bien homogène, surmontée d'une couche de laitier vert jaunâtre, de 35 millimètres d'épaisseur. Les deux masses cassées au pilon présentaient toutes les apparences d'une fonte grise, grenue, assez malléable et d'une grande ténacité.

Voici les résultats des dosages :

	Fonte blanche.		Fonte grise.	
Carbone combiné.	3,800	3,800	0,660	3,442
Graphite.......	0,000		2,782	
Silicium........	0,420		0,660	
Soufre........	0,100		0,020	
Phosphore......	0,075		0,080	
Manganèse......	2,585		1,750	
Fer..........	92,935		93,945	
	99,915		99,897	

En comparant ces résultats, on voit que la quantité de phosphore est la même dans les deux fontes. La fonte grise ne renferme que le $\frac{1}{5}$ du soufre de la fonte blanche. Il y a moins de carbone et plus de silicium dans la fonte grise. Ce qu'il y a de remarquable c'est que, durant la transformation de la fonte blanche en fonte grise, plus d'un tiers du manganèse a disparu. Ce fait parut si singulier que l'on crut devoir le vérifier par plusieurs dosages. Il est vraisemblable que le manganèse manquant a passé dans le laitier vert formé à la surface de la fonte pendant la fusion. La différence est considérable.

	Manganèse.
Dans les 15 kilogrammes de fonte blanche, il y avait..	387gr,75
Après la fusion et transformation en fonte grise......	249,60
Manganèse disparu....................	138,15

	Carbone.	Silicium.
Fonte blanche. . .	3,800	0,420
Fonte grise......	3,442	0,660
Différence... .	−0,358	+0,240

Dans la fonte grise $\frac{4}{1000}$ de carbone auraient été remplacés par 2 $\frac{1}{2}$ millièmes de silicium, venant certainement du creuset ou du laitier disséminé dans les fontes de premières coulées; la silice, à une haute température, en présence du fer, devient en effet un comburant du carbone, dont il serait difficile d'expliquer autrement la disparition survenue pendant la fusion et le refroidissement de la fonte en vase clos, le métal liquéfié étant d'ailleurs protégé contre l'action de l'air par une couche vitreuse de 3 centimètres d'épaisseur.

Le graphite retiré de la fonte grise laisse après sa combustion de la silice très-blanche et pure, puisqu'elle disparaît au contact de l'acide fluorhydrique; elle existe, on l'a vu, en proportion notable, et, dans les conditions de refroidissement extrêmement lent où s'est trouvé le métal, il n'y aurait rien d'extraordinaire à ce qu'une partie de la silice que l'on a pesée provînt de silicium graphitoïde mêlé au carbone. La question méritait d'autant plus d'être examinée que le graphite obtenu présentait un aspect brillant, cristallin, bien plus prononcé que celui du graphite venant de fontes grises des hauts-fourneaux. Malheureusement le procédé d'analyse ne permettait pas de savoir si la silice préexistait dans la matière charbonneuse, ou si elle provenait de la combustion du silicium : on en jugera par le détail d'un dosage.

2 grammes de fonte ont été attaqués par 60 centimètres cubes d'acide sulfurique au $\frac{1}{4}$. Le gaz dégagé avait l'odeur caractéristique des hydrocarbures. L'acide fut renouvelé, afin de dissoudre tout le fer. Le résidu graphiteux, lavé et séché, a été exposé à la chaleur rouge dans une nacelle de platine, placée dans un tube que traversait un courant de gaz hydrogène. Par cette opération préliminaire on s'était proposé d'enlever l'humidité et surtout un principe huileux très-fétide. On a laissé refroidir dans l'hydrogène.

Le résidu graphiteux a pesé	0gr,0680	
Après la combustion du graphite, on a eu, silice.	0,0125	
Graphite brûlé..........	0,0555	Pour 1gr de fonte 0gr,02775

Le poids du graphite est donné par la perte qu'éprouve le résidu charbonneux chauffé dans l'oxygène ; ce poids ne peut être exact qu'autant que le résidu consiste en carbone et en silice ; s'il s'y rencontrait du silicium, le graphite serait dosé trop bas de tout l'oxygène employé à constituer de la silice. Pour prononcer sur la présence ou sur l'absence du silicium dans cette matière, il fallait évaluer le carbone par la combustion directe en en recueillant le produit, l'acide carbonique : c'est ce que j'ai fait.

10 grammes de la fonte grise, traités à plusieurs reprises par l'acide sulfurique dilué, ont laissé 0gr,340 de résidu graphiteux.

$0^{gr},3336$ ont été mis dans une nacelle en platine placée dans un tube chauffé au rouge et que traversait lentement un courant de gaz oxygène sec et exempt d'acide carbonique. En sortant du tube, le gaz passait d'abord par un tube en U à ponce sulfurique, puis il était lavé dans un condenseur, contenant une solution de potasse. Dans son ensemble, c'était l'appareil usité pour doser le carbone des substances organiques.

La combustion terminée, on a trouvé dans la nacelle $0^{gr},0606$ de silice très-divisée, blanche, sans traces d'oxyde de fer; elle a disparu par l'action de l'acide fluorhydrique.

Le poids de l'appareil à potasse augmenta de $1^{gr},000$.

Discutons maintenant ces résultats :

	gr
Matière soumise à la combustion..	0,3336
Après la combustion, silice obtenue	0,0606
Carbone estimé par différence....	0,2730
Acide carbonique pesé $1^{gr},000$ = carbone	0,2727

Ce nombre s'accorde avec le poids du carbone évalué par différence. Le résidu graphiteux analysé consistait donc en graphite et en silice, car s'il eût contenu du silicium, la somme du carbone et de la silice aurait excédé le poids de la matière brûlée.

La composition du résidu graphiteux devient :

	gr
Graphite....................	0,8183
Silice....................	0,1817
	1,0000

Pour le graphite contenu dans les $0^{gr},340$ laissés par 10 grammes de fonte, on a

$$0^{gr},340 \times 0^{gr},8183 = 0^{gr},2782.$$

La matière graphiteuse retirée des 2 grammes de fonte avait, à très-peu près, la même constitution :

	gr
Graphite.	0,8162
Silice.......	0,1838
	1,0000

Pour le graphite des 2 grammes de fonte, on aurait

$$0^{gr},068 \times 0^{gr},8163 = 0^{gr},055502.$$

Ainsi le graphite dosé dans la fonte grise, provenant de la fonte blanche soumise, après fusion, à un refroidissement très-lent, a été pour 100 :

Par la chloruration		2,730
Par le traitement par les acides, sur 2 grammes.		2,780
»	sur 10 »	2,782

On aura pu remarquer que la silice des résidus graphiteux ne représente pas le silicium dosé directement par la voie sèche : $0^{gr},660$ équivalent à silice $1^{gr},413$.

Le dosage fait sur 2 grammes de fonte a donné pour 100 :

Silice, $0^{gr},625$ = silicium, $0^{gr},292$.

Sur 10 grammes :

Silice, $0^{gr},607$ = silicium, $0^{gr},284$.

Cette différence tient à ce que, dans le traitement d'un fer carburé, soit en chlorurant par le bichlorure de mercure, soit en faisant intervenir un acide pour isoler le graphite, une partie de la silice formée aux dépens du silicium pendant la réaction devient soluble.

Dans le graphite extrait de la fonte grise, il ne se trouvait donc pas de silicium.

La disparition du manganèse pendant la transformation de la fonte blanche en fonte grise me porta à rechercher si réellement ce métal avait passé dans le laitier qu'on trouva rassemblé à la surface de la fonte en fusion.

I. 5 grammes d'une fonte lamelleuse de Ria, renfermant, pour 100, 5,50 de manganèse et 4 de carbone, ont été fondus avec 1 gramme de verre à bouteille, dans un creuset de porcelaine verni à l'intérieur et à l'extérieur, muni de son couvercle : on avait pris un creuset de porcelaine, afin de constater la perte au feu avec précision. On maintint en fusion pendant une heure à une température très-élevée; le creuset n'était pas déformé. On trouva, par la pesée, une perte de $0^{gr},12$.

La scorie était d'un vert foncé transparent.

Le culot bien formé, ayant l'aspect de la fonte blanche, pesa	$4^{gr},642$
Avant la fusion, poids de la fonte	5,000
Perte	0,358

Dans la totalité du culot, on dosa, manganèse.	$0^{gr},0203$
Les 5 grammes de fonte, soumis à la fusion, en contenaient	0,2750
Manganèse manquant	0,2547

Plus des $\frac{9}{10}$ du manganèse avaient disparu.

La scorie était très-riche en manganèse, mais il fut impossible de la détacher du creuset pour l'analyser.

La perte $0^{gr},358$, survenue pendant la fusion, est supérieure de $0^{gr},1033$ au poids du manganèse qu'on n'a plus retrouvé dans le culot après la fonte opérée au contact du verre. Les 5 grammes de fonte blanche obtenue dans le creuset de porcelaine renfermaient $0^{gr},20$ de carbone combiné; la différence $0^{gr},1033$ répond par conséquent, à très-peu près, à la moitié du poids du carbone contenu dans la fonte avant la fusion.

II. On a pris une fonte blanche de Ria, refondue au cubilot, ayant pour composition :

	gr	
Fer (dosé)	0,9371	
Manganèse	0,0217	
Carbone combiné.	0,0329	Carbone total 0gr,0343
Graphite.	0,0014	
Silicium	0,0050	
Phosphore	0,0013	
Soufre.	0,0003	
Substances indéterminées.	0,0003	
	1,0000	

2 grammes réduits en poudre ont été fondus rapidement avec 1gr,5 de verre de bouteille pulvérisé, dans un creuset de porcelaine fermé. Comme dans l'expérience précédente, on a maintenu en fusion à une forte chaleur pendant une heure. Le creuset a parfaitement résisté. La perte au feu a été de 0gr,076.

La scorie d'un vert foncé, transparente, recouvrait un culot de métal blanc, s'applatissant sous le marteau, se limant facilement : c'était une fonte douce, dans laquelle il n'y avait pas trace de manganèse; les 0gr,0434 de ce métal appartenant à la fonte blanche avaient disparu.

	gr
Le culot pesait.	1,648
Le poids de la fonte employée était.	2,000
Différence.	0,352

On remarquera que la perte au feu, 0gr,076, approche des 0gr,069 de carbone entrant dans les 2 grammes de fonte.

Ainsi, par la fusion au contact du verre, il y aurait eu élimination de tout le manganèse et d'une partie du carbone; et, par la différence trouvée, 0gr,352 entre le poids du culot obtenu et celui de la fonte, il est évident qu'une notable quantité de fer était entrée dans la scorie avec le manganèse.

La disparition du manganèse, dans les conditions que je

viens d'indiquer, expliquerait la présence des fortes proportions de silicate manganeux qu'on rencontre dans certains laitiers des minerais manganésifères. Voici, comme exemple, la composition d'un laitier d'un vert pâle, cristallin, sorti d'un haut-fourneau de Ria.

	Laitier du 28 fév. 1874. Pour 100.	Laitier du 27 février. Pour 100.	Laitier du 26 février. Pour 100.
	gr	gr	gr
Oxyde de manganèse MnO.	16,38	12,73	12,90
Protoxyde de fer.	0,81	2,21	0,70
Silice.	43,50		
Chaux.	30,10		
Magnésie.	3,40		
Potasse.	2,92		
Alumine.	4,00		
	101,11		

Il n'est pas admis qu'à une haute température le fer, le manganèse décomposent la silice. Quand ces métaux sont carburés, il y aurait formation de silicium par l'intervention du carbone. Il pourrait en être autrement en chauffant le fer, le manganèse avec des silicates alcalins ou terreux; la potasse, la soude, la chaux seraient réduites d'abord, et le potassium, le sodium, le calcium agiraient ensuite sur la silice. On sait d'ailleurs qu'une fonte manganésifère, un *spiegeleisen,* dans lequel il entre 4 de carbone pour 100 quand il est fondu avec de la silice, donne un culot ne renfermant plus qu'une faible fraction du manganèse initial, et l'on reconnaît que pendant la fonte il y a une perte en carbone et un gain en silicium; d'où l'on est porté à conclure que dans cette circonstance le manganèse, pour la plus grande partie, est converti en protoxyde pour former un silicate et que presque tout le carbone, séparé à l'état de graphite, est remplacé par du silicium. Ici encore la présence du carbone dans la fonte ne permet pas de décider si c'est le manganèse métallique qui décompose la silice (¹); il eût fallu nécessairement opérer avec un métal exempt de carbone. N'ayant pu réussir à me procurer du manganèse non carburé, j'ai exécuté quelques expériences avec du fer absolument pur préparé par le colonel Caron.

On a fondu à un feu oxydant une rondelle de fer pesant $2^{gr},270$ dans un creuset de porcelaine vernie.

	gr
Avec silice	0,68
Chaux	0,46
	1,14

On a maintenu en fusion au blanc pendant une heure.

Le culot était bien formé, enveloppé d'une scorie vert foncé, opaque; il a pesé $1^{gr},712$.

Le métal, très-doux, a été laminé pour y doser le silicium par la voie sèche; on a retiré : silice $0^{gr},0039$ = silicium $0^{gr},0018$.

La silice traitée par l'acide fluorhydrique additionné d'une goutte d'acide sulfurique a laissé un résidu impondérable dans lequel on a reconnu de la chaux. L'existence du silicium dans le métal fondu était incontestable; mais on a été conduit à se demander si le fer n'avait pas d'abord réduit de la chaux dont le calcium aurait réagi sur la silice. Une forte quantité de fer, $0^{gr},558$, avait été oxydée pour passer dans la scorie.

II. Dans une deuxième expérience, on a mis le fer en contact, à une très-haute température, uniquement avec de la silice très-divisée et d'une pureté absolue.

Une rondelle de fer pesant $2^{gr},040$ a été placée dans un creuset de porcelaine avec de la silice que l'on a tassée fortement; après avoir fermé le creuset, on l'a soumis pendant une demi-heure à une chaleur blanche très-intense.

(¹) Percy, *Métallurgie*, t. II, p. 234.

On a obtenu un culot parfaitement fondu qui a pesé $1^{gr},428$; il était logé dans une scorie vert foncé à l'intérieur, opaque et ayant une teinte brune à l'extérieur.

Le fer, très-ductile, a été laminé avec autant de facilité que si l'on eût opéré sur de l'argent fin.

Après oxydation dans l'oxygène, on a fait passer sur la lame de fer oxydé un courant de gaz chlorhydrique au rouge très-vif : le métal a disparu sans laisser une trace de silice dans la nacelle qui le contenait. Ainsi, à une température très-élevée, le fer pur est resté en contact avec la silice pure d'abord, ensuite avec le silicate qui avait été formé par suite de l'oxydation de $0^{gr},612$ de fer, sans prendre de silicium.

La silice ne serait donc pas décomposée par le fer pur. Le résultat de cette expérience est complétement conforme à une observation de M. Percy établissant qu'il n'y a pas réduction quand de la silice et du fer sont chauffés, sans carbone : même aux températures les plus élevées de nos fourneaux [1]. Il en est autrement lorsque le fer tient du carbone, toujours il y a dans le métal fondu en présence de la silice production d'une certaine quantité de silicium. Un fer dans lequel il n'entrerait que $\frac{1}{1000}$ à $\frac{2}{1000}$ de carbone, fondus dans un creuset de Hesse, même sans addition de silice, donne un culot contenant du silicium provenant de la silice appartenant au creuset. L'action réductrice du carbone de la fonte sur la silice est d'ailleurs admise depuis longtemps par les métallurgistes.

Mais si la silice isolée n'est pas réductible par le fer exempt de carbone, il ressort de mes expériences qu'elle est réduite lorsqu'elle constitue des silicates alcalins ou terreux, puisque le fer pur fondu sous l'influence de ces silicates acquiert toujours du silicium. La promptitude avec laquelle le manganèse entre dans le laitier, dans les

---

(1) Percy, *Métallurgie*, t. II, p. 151.

scories quand on fond une fonte blanche lamelleuse, un *spiegeleisen* avec du verre, m'a fait soupçonner que dans les essais par la voie sèche de minerais manganésifères, on devait éprouver une perte considérable de ce métal.

Dans certaines usines le minerai est fondu avec un flux, ordinairement un mélange de verre et de chaux, dans un creuset brasqué, et c'est dans le culot métallique obtenu que l'on cherche le manganèse.

J'ai cru devoir doser comparativement le manganèse par la voie humide et par la voie sèche, c'est-à-dire en dosant le manganèse dans le culot métallique retiré de la brasque.

On a opéré sur un minerai de Fillols (Pyrénées-Orientales) ; une analyse a donné pour sa composition :

Oxyde de fer, Fe^2O^3	78,80	= fer	55,20
Oxyde de manganèse, Mn^2O^3.	6,67	= manganèse	4,70
Silice	5,60		
Alumine	1,30		
Chaux	0,60		
Magnésie	0,27		
Soufre	0,09		
Acide phosphorique	0,06		
Acide carbonique	traces		
Eau	6,80		
	100,19		

2 grammes de ce minerai pulvérisé ont été fondus dans un creuset brasqué, avec 1 gramme de verre à bouteille et 1 gramme de chaux vive.

Le bouton métallique, bien formé, a pesé $1^{gr},140$.

	gr
De ce bouton on a retiré par la voie humide, oxyde MnO, $0^{gr},0085$ = Mn	0,0066
Par la voie humide, dans les 2 grammes de minerai, il y avait, manganèse	0,0940
Perte en manganèse	0,0874

Plus des $\frac{7}{10}$ du manganèse manquaient dans le métal retiré du creuset.

Dans les 2 grammes du minerai, l'analyse avait indiqué :

Fer.........................	1,104 gr
Manganèse.....................	0,094
	1,198

Le culot obtenu pesait..........	1,1400 gr
Déduisant le manganèse contenu..	0,0066
Il resterait pour le fer........	1,1334
Dans le minerai, fer............	1,1040
Excès........	0,0294

Cet excès est dû, sans nul doute, au carbone communiqué au métal par la brasque. On voit que, pour connaître la teneur en manganèse d'un minerai, il faut avoir recours au dosage par la voie humide, la plus grande partie de ce métal entrant dans la scorie pendant la fonte en creuset brasqué.

Des données que j'ai été à même de recueillir, des expériences que j'ai faites, il résulterait que, à une température approchant de celle de la fonte en fusion, le fer en contact avec du charbon atteint très-promptement un maximum de carburation. A une chaleur peu intense, le fer s'unit encore au carbone, lentement, progressivement, à partir de la surface, comme il arrive dans la cémentation ; mais il est rare que dans ces conditions le métal prenne plus de 2 à 2 $\frac{1}{2}$ de carbone pour 100, tant qu'il reste solide. Au reste, il est difficile de fixer la limite de la carburation d'une barre de fer chauffée dans de la brasque, parce que, à mesure que le carbone augmente, le métal devient plus fusible. C'est ce que l'on observe dans les caisses à cémenter où, dans les points les plus chauds, on trouve fréquemment du métal fondu dont l'aspect et la teneur en carbone le rapprochent de la fonte des hauts-fourneaux.

§ IX.

Cémentation du fer.

Première expérience.

Dans une barre de fer provenant du puddlage d'une fonte obtenue d'un mélange de minerais spathiques et d'hématite, traité au charbon de bois dans les forges de Ria, on a coupé deux morceaux n° 1 et n° 2. Après les avoir rabotés, on les a pesés et introduits dans une caisse à cémenter : le n° 1, dans la partie où l'on jugeait que la température serait le moins élevée ; le n° 2, dans la partie où la chaleur devait être la plus forte.

Après la cémentation, les barres portaient quelques grosses ampoules et un assez grand nombre de boursouflures moins développées. Les espaces compris entre ces protubérances étaient entièrement recouverts d'une multitude de petits points seulement visibles à la loupe. Sur toute leur superficie, les barres d'un gris foncé, d'aspect métallique, étaient enduites d'une pellicule extrêmement mince de graphite, tachant les doigts à la manière de la plombagine. Si l'on n'a pas, que je sache, signalé cet enduit graphitique si uniformément réparti sur l'acier poule, cela tient à ce que, dans les conditions ordinaires de la fabrication, le fer mis dans le cément est, par suite de l'exposition à l'air et à la pluie, recouvert d'oxyde dont la révivification donne à l'extérieur des barres cémentées une rugosité que n'a pas le fer placé dans le cément après avoir été décapé. Toutefois un examen attentif met hors de doute une mince couche de graphite, de sorte qu'il paraît que, dans la cémentation, l'apparition de carbone libre, de carbone non combiné à la superficie du métal, est un phénomène constant.

Sur les 13000 à 14000 kilogrammes d'acier poule retirés de la caisse où avaient été déposés les échantillons n°s 1 et 2, on apercevait, il est à peine nécessaire de le dire, les ampoules caractéristiques. Quelques barres en étaient presque entièrement recouvertes, et le diamètre des protubérances approchait parfois de 3 centimètres. Généralement, cependant, les soufflures ne dépassaient pas la grosseur d'un pois; souvent elles étaient sans fissure aucune, comme si le gaz qui les avait formées par son expansion n'eût pas trouvé d'issue. Sur plusieurs barres on ne remarquait pas d'ampoules, mais on y reconnaissait cette multitude de petits points saillants dont j'ai déjà parlé. J'ai lieu de croire, d'après ce que j'ai été à même d'observer, que les ampoules sont plus nombreuses, et surtout plus développées sur les barres de fer qui ont été le plus fortement chauffées.

On a émis plusieurs opinions sur l'origine des protubérances de l'acier poule, sur la nature des gaz qui les font naître. Une des explications les plus rationnelles est fondée sur la présence de particules de laitiers, de silicate basique de fer, d'oxyde des battitures réparties très-inégalement dans les barres forgées ou laminées soumises à la cémentation. Le carbone, en pénétrant dans la masse métallique, réagirait alors sur l'oxyde du silicate ou des battitures, produirait du gaz oxyde de carbone dont l'expansion déterminerait un soulèvement dans le fer ramolli par l'effet de la température. Les ampoules de l'acier seraient d'autant plus nombreuses que les *nids* de laitier, de silicate, auraient été plus abondants. C'est, sans qu'elle soit appuyée sur des considérations scientifiques, l'opinion des aciéreurs, que les barres portant le plus d'ampoules, sont les moins bien affinées, les moins propres, pour me servir de l'expression technique. Il est certain qu'un métal dans lequel on ne peut pas soupçonner la présence de laitier ne présente pas d'ampoule, alors même qu'il a été cémenté très-chaud. Je puis citer ce fait, que de l'acier fondu, étiré et placé dans le cément, pour obtenir un produit fortement carburé, ne portait pas d'ampoules après la cémentation. On apercevait seulement à sa surface une multitude de petits points saillants et un enduit graphiteux.

Dans une discussion qui eut lieu à l'Académie des Sciences, au sujet de la formation des bulles à la surface de l'acier poule, M. H. Sainte-Claire Deville a rappelé les expériences qu'il a faites avec M. Troost, sur le passage de l'hydrogène par dissolution ou endosmose, au travers du fer ou de l'acier chauffé au rouge; les expériences de M. Cailletet sur les tubes aplatis par le laminage, et qui reprennent leur forme dans l'atmosphère hydrogénée d'un four à réchauffer, par suite de l'introduction avec pression de l'hydrogène entre les surfaces de fer rapprochées par le laminoir. Il en conclut que le fer corroyé, formé de lames plus ou moins bien soudées, consiste, en réalité, en une série de petits espaces comparables à des tubes aplatis par l'action du marteau; l'hydrogène du charbon de cémentation, l'hydrogène venant de la réduction de la vapeur d'eau s'y introduiraient par endosmose, en occasionnant une pression qui soulèverait la surface du fer transformé en acier [1].

Cémentation du fer n° 1 et n° 2 :

	Poids	
	de la barre n° 1.	de la barre n° 2.
Avant la cémentation.....	4949^{gr},55	5124^{gr},00
Après la cémentation.....	4994,20	5199,60
Augmentation de poids...	44,65	75,60

[1] *Comptes rendus des séances de l'Académie des Sciences*, t. LXXVIII, p. 1458.

Dans le fer, on a dosé :

	Avant la cémentation.	Après la cémentation.	
		N° 1.	N° 2.
	gr	gr	gr
Fer	0,99100	0,98200	0,97650
Carbone combiné	0,00118	0,00995	0,01512
Silicium	0,00105	0,00107	0,00120
Soufre	0,00012	0,00006	0,00005
Phosphore	0,00100	0,00125	0,00130
Manganèse	0,00222	0,00220	0,00218
Substances indéterminées	0,00343	0,00347	0,00365
	1,00000	1,00000	1,00000

Résumé de l'expérience.

Barre nº 1.

	Poids de la barre.	Fer.	Carbone.	Silicium.	Soufre.	Phosphore.	Manganèse.	Substances indéterminées.
	gr	gr	gr	gr	gr	gr	gr	gr
Avant cémentation..	4949,55	4905,00	5,84	5,20	0,59	4,95	10,99	16,98
Après cémentation..	4994,20	4904,30	49,69	5,34	0,30	6,24	10,99([1])	17,33
Différences......	+44,65	−0,70	+43,85	+0,14	−0,29	+1,29	0,00	+0,35

Barre nº 2.

	Poids de la barre.	Fer.	Carbone.	Silicium.	Soufre.	Phosphore.	Manganèse.	Substances indéterminées
	gr	gr	gr	gr	gr	gr	gr	gr
Avant cémentation..	5124,00	5077,88	6,05	5,38	0,62	5,12	11,37	17,57
Après cémentation..	5199,60	5077,41	78,62	6,24	0,26	6,76	11,34	18,98
Différences......	+75,60	−0,47	+72,57	+0,86	−0,36	+1,64	+0,03	+1,41

([1]) Le manganèse seulement a été dosé dans le fer avant la cémentation ; on l'a calculé dans le fer cémenté.

Dans les deux cas, l'augmentation de poids éprouvée par les barres cémentées a excédé le poids du carbone fixé. Le silicium, le phosphore, les substances indéterminées acquises ont pesé un peu plus que le fer et le soufre éliminés :

	Carbone.
100 du fer en barre n° 1 ont acquis....	0,886
100 » n° 2 »	1,416

Les dimensions des deux barres mesurées après la cémentation étaient :

	Longueur.	Largeur.	Épaisseur.
	m	m	m
N° 1.........	0,706	0,050	0,019
N° 2.........	0,713	0,054	0,018

Par conséquent

Le volume de la barre cémentée n° 1... $670^{cc},7$

La densité...... $\frac{4994,2}{670,7} = 7,446$

Le volume de la barre cémentée n° 2.. $693^{cc},04$

La densité...... $\frac{5199,60}{693,04} = 7,502$

La superficie des barres étant

	cq
N° 1..........................	993,4
N° 2..........................	1046,2

On voit que la quantité de carbone qui a pénétré dans le fer pendant la cémentation, par centimètre carré, a été

Barre n° 1 : $\frac{43^{gr},85}{993,4} = 0^{gr},04414$; par mètre carré. $441^{gr},4$

Barre n° 2 : $\frac{72^{gr},57}{1046,2} = 0^{gr},06936$; par mètre carré. $693^{gr},6$

Seconde expérience.

Cémentation d'un fer de Suède. — Un fragment de barre portant la marque L, après avoir été décapé à la meule, a été placé dans une caisse à cémenter. Ce fer, considéré comme d'excellente qualité, avait un grain très-fin. L'acier poule qu'il a donné était enduit de graphite sur toute sa superficie; ce graphite, en pellicules extrêmement mince, tachait les doigts ; il suffisait d'un léger frottement pour le faire disparaître. Sur la barre, j'ai compté trente-cinq ampoules assez grosses, dont quelques-unes ouvertes au sommet, et de petites vésicules à peine visibles à l'œil nu. Un coup de lime mettait à découvert une surface métallique d'un blanc argentin :

Avant la cémentation la barre pesait......	2000^{gr},45
Après » »	2026,22
Augmentation de poids.........	25,77

	Composition du fer de Suède.	
	Avant la cémentation.	Après la cémentation.
Fer	0,99450 gr	0,98170 gr
Carbone	0,00300	0,01580
Silicium	0,00016	0,00030
Soufre	0,00015	0,00005
Phosphore	0,00057	0,00065
Manganèse	0,00090	0,00070
Substances indéterminées	0,00072	0,00080
	1,00000	1,00000

Résumé de l'expérience.

	Poids de la barre.	Fer.	Carbone.	Silicium.	Soufre.	Phosphore.	Manganèse.	Substances indéterminées.
Avant cémentation	2000,45 gr	1989,45 gr	6,00 gr	0,32 gr	0,30 gr	1,14 gr	1,80 gr	1,44 gr
Après cémentation	2026,22	1989,14	32,01	0,61	0,10	1,32	1,42	1,62
Différences	+25,77	−0,31	+26,01	+0,29	−0,20	+0,18	−0,38	+0,18

L'augmentation du poids de la barre a été un peu inférieure au poids du carbone fixé.

Ainsi que dans l'expérience précédente, le silicium, le phosphore, les substances indéterminées acquises ont pesé un peu plus que le fer et le soufre éliminés :

	Carbone.
100 du fer de Suède ont pris.......	1,288

Les dimensions de la barre mesurée après la cémentation étaient :

Longueur.	Largeur.	Épaisseur.
$0^{m},360$	$0^{m},058$	$0^{m},014$

On a

Pour le volume de la barre cémentée...... $292^{cc},32$

Pour la densité... $\frac{2026,22}{292,32} = 6,931$

La superficie totale de la barre étant $534^{cq},6$, la quantité de carbone qui a pénétré dans le fer pendant la cémentation a été, par centimètre carré,

$\frac{26^{gr},01}{534,6} = 0^{gr},04865$; par mètre carré.... $486^{gr},5$

Une cémentation dure ordinairement trente-six jours, comptés depuis la mise en feu jusqu'au déchargement du fourneau; mais, en réalité, ainsi qu'il ressort des observations entreprises pour estimer la température des caisses à cémenter, le fer n'est chauffé au rouge-cerise vif que pendant dix jours au plus; or c'est évidemment dans cette période d'incandescence que le carbone s'unit au fer, soit durant 240 heures. En employant cette donnée, que j'ai tout lieu de croire exacte, on voit avec quelle lenteur le carbone du cément avance de l'extérieur à l'intérieur d'une barre métallique. En effet, on a, pour le carbone entrant dans 1 mètre carré de métal, en une heure :

Fer d'Unieux n° 1 . . . $\frac{441^{gr},4}{240} = 1^{gr},839$

Fer d'Unieux n° 2 . . $\frac{693^{gr},6}{240} = 2^{gr},890$

Fer de Suède . . . . . . $\frac{486^{gr},5}{240} = 2^{gr},027$

La pénétration du carbone est d'autant plus rapide que la température est plus haute. La barre d'Unieux n° 2 placée dans la même caisse, par conséquent dans le même cément que la barre n° 1, a pris plus de carbone dans un temps égal, parce qu'elle se trouvait dans une zone plus fortement chauffée.

Au contact du charbon de bois au rouge-cerise vif, la surface d'un morceau de fer est carburée pour ainsi dire instantanément; elle atteindrait certainement le maximum de carburation, si le carbone de la superficie ne tendait à pénétrer dans l'intérieur du métal. En s'opposant à la propagation du carbone, en refroidissant, ainsi que cela est pratiqué dans la trempe en paquet, on communique à la surface d'un objet de fer une forte aciération. C'est une mince enveloppe d'acier très-dure recouvrant le métal que le carbone n'a pas atteint.

En dosant le carbone dans les tiges qu'on a retirées à diverses époques pour juger de la température des caisses à cémenter, on a pu suivre les progrès de l'aciération. Ces tiges, de fer rond, avaient un diamètre de $0^{m},03$. Lorsqu'elles sortaient de la brasque, aussitôt après leur refroidissement, on les nettoyait à l'émeri, et l'on prélevait la prise d'essai sur toute la section au moyen d'une mèche ayant un diamètre plus grand que celui de la tige.

Le premier dosage a été fait sur la tige n° 4, mise dans la caisse à cémenter le 2 mai et retirée le 8 mai; comme c'est seulement après 132 heures de feu que le cément a atteint la température rouge, on a, pour la durée de l'incandescence à laquelle la tige a été soumise,

$$228^h - 132^h = 96^h.$$

Voici les résultats :

Nos des tiges.	Exposition au rouge.	Carbone dosé.
4..........	96^h	0,0038
5..........	154	0,0114
6..........	192	0,0144
7..........	246	0,0132
8..........	358	0,0133
9 (refroidissement complet)......		0,0129

On voit que, entre 154 et 192 heures d'incandescence, une tige de fer ronde, de 3 centimètres de diamètre, avait pris tout le carbone qu'elle était susceptible d'absorber dans les conditions de milieu et de température où elle était placée. Il ne faudrait pas cependant se hâter de conclure que, s'il eût été possible d'enlever le fer après les 192 heures d'incandescence, on aurait obtenu un acier ayant toutes les qualités désirables. En effet, le dosage exécuté sur les copeaux détachés de la section d'une tige donne bien le carbone, mais il n'éclaire pas sur sa répartition dans la masse métallique. Il est vraisemblable que la prolongation de la température élevée opère la diffusion du carbone acquis d'abord par les parties les plus rapprochées de la surface, et que c'est à la continuité du feu qu'une barre d'acier poule, en sortant du four après son refroidissement, doit d'être sensiblement aussi carburée à l'intérieur qu'à l'extérieur. Le recuit produit toujours cet excellent résultat de répartir plus également le carbone dans un acier.

TROISIÈME EXPÉRIENCE.

Cémentation du fer en creuset; fusion du fer cémenté dans la brasque.

C'est la suite de l'expérience instituée à Unieux pour carburer le fer au maximum. La cémentation dura $3^h 50^m$ dans un cas, 9 heures dans l'autre.

Je donne ici la composition du fer carburé comparée à celle du fer avant la carburation :

	Fer employé.	Fer carburé après $3^h 50^m$ de cémentation.	Fer carburé après $9^h 10^m$ de cémentation.
Fer (dosé)	0,9961	0,9499	0,9501
Carbone combiné	0,0027	0,0309	0,0208
Graphite	0,0000	0,0131	0,0198
Silicium (1)	0,0007	0,0007	0,0007
Soufre	0,0004	traces	0,00009
Phosphore	0,00016	0,000269	0,000277
Manganèse	traces	traces	traces
Substances indéterminées	»	0,005131	0,008233
	1,00006	1,000000	1,000000

Rapportant ces résultats à 1 gramme de fer, pour faciliter la comparaison, on a

	Fer avant la carburation.		Fer carburé, $3^h 50^m$ de feu.		Fer carburé, 9 heures de feu.	
	gr		gr		gr	
Carbone combiné	0,00271	0,00271	0,03253	0,04632	0,02189	0,04273
Graphite	0,00000		0,01379		0,02084	
Soufre	0,000402		traces.		0,000095	
Phosphore	0,000161		0,000283		0,000291	

(1) Le silicium n'a pas été dosé dans les fers carburés; on a pris les 0,0007 trouvés dans le fer avant la carburation.

Après 3^h 50^m de feu, la carburation était terminée :

	gr
Le carbone total acquis pesait	0,0436
En neuf heures de feu	0,0401

Le soufre avait à peu près disparu, et le phosphore avait augmenté de 0^{gr},00016 et de 0^{gr},00028.

Par l'action du feu, une partie du carbone combiné est devenue du graphite.

On doit se demander si les faibles différences en soufre, en phosphore, en fer, constatées dans les résumés des expériences sur la cémentation, ne résulteraient pas d'erreurs d'analyses qui, aussi minimes qu'on veuille les supposer, sont nécessairement multipliées par de grands nombres, les dosages exécutés sur quelques grammes de matière se trouvant, en fait, appliqués à des barres de métal de 2 à 5 kilogrammes.

Sans doute on comprend que le fer, indépendamment du carbone, prenne, en se cémentant, du silicium et du phosphore préexistant dans la cendre du charbon de bois ; qu'il abandonne du soufre, des traces d'arsenic échappées au dosage ; mais il semblerait que dans une barre cémentée on dût retrouver tout le fer qu'elle renfermait avant la cémentation, par la raison qu'on ne voit pas à quel état ce métal serait éliminé. Cependant, dans trois des observations que j'ai rapportées, il y a eu une perte de fer, très-légère il est vrai, mais constante :

Pour le fer	de Ria n° 1,	elle a été de...	0,00014
»	de Ria n° 2,	» ...	0,00008
»	de Suède,	» ...	0,00016

Pour faire disparaître, ou tout au moins pour atténuer l'influence des erreurs d'analyses, et particulièrement pour décider si réellement du fer pouvait être expulsé, il convenait d'abord de doser le carbone sur la totalité d'un fer pur que l'on aurait cémenté, et ensuite, après avoir constaté l'augmentation de poids, de rechercher ce métal dans le cément. En ce qui concerne le carbone, l'erreur commise ne serait plus amplifiée; mais on ne pouvait alors opérer que sur de bien faibles quantités de métal, inconvénient que diminuerait d'ailleurs l'usage d'une balance accusant le $\frac{1}{10}$ de milligramme.

Cémentation du fer pur. — I. Le fer pur avait été préparé par le colonel Caron. Une spirale fut cémentée pendant quatre heures au rouge-cerise vif dans du charbon de bois en poudre, préalablement calciné :

	gr
Fer pur..	1,6878
Après cémentation.... .	1,7111
Augmentation.......	0,0233

Le fer était devenu légèrement graphiteux; sa surface ne présentait d'ailleurs aucune boursouflure; le grain était aciéreux, à petites facettes brillantes. Dans la totalité de la spirale cémentée on a dosé :

	gr
Carbone combiné......	0,0223
Graphite.......... . .	0,0008
Carbone total........	0,0231

L'augmentation de poids a dépassé de 0gr,0002 le carbone fixé. Cette différence, dont je crois pouvoir répondre, est due probablement à des substances venant de la cendre du charbon de bois, à moins qu'elle ne résulte d'une très-faible quantité de fer éliminé.

Plusieurs observations ont montré, en effet, que le charbon acquiert un peu de fer. Il serait difficile de dire comment ce métal passe dans le cément; le plus probable est que c'est à l'état de chlorure, ainsi que semble l'indiquer l'expérience que je vais rapporter.

6gr,30 de fer en fils ont été cémentés pendant cinq heures au rouge-cerise dans 5gr,10 de charbon de bois, auxquels on avait mêlé 0gr,2 de chlorure de sodium.

L'opération terminée, le charbon cément a laissé par l'incinération des cendres rougeâtres dans lesquelles on a dosé : fer métallique.................... 0^{gr},0420

5^{gr},10 du même charbon n'ayant pas servi de cément, ont donné des cendres presque blanches contenant fer métallique......... 0^{gr},0008

Fer passé dans le cément.................. 0^{gr},0412

représentant 0^{gr},0934 de chlorure.

Sous l'influence d'une quantité relativement très-forte de chlorure de sodium, il était donc entré dans le charbon 0^{gr},0065 du fer que l'on avait mis à cémenter, soit environ $\frac{1}{1000}$.

Au reste, il est possible que, dans le contact d'un morceau de fer et d'un morceau de carbone, le carbone absorbe du fer comme le métal absorbe du carbone.

Élimination du soufre pendant la cémentation. — On a vu, en résumant les expériences, que le fer a perdu plus de la moitié du soufre qu'il renfermait quand on l'a introduit dans les caisses à cémenter. D'après les analyses exécutées dans mon laboratoire, l'élimination est constante. Voici les résultats :

	Soufre dosé dans le fer en barre.	
	Avant la cémentation.	Après la cémentation.
	gr	gr
Fer d'Unieux n° 1..........	0,00012	0,00006
Fer d'Unieux n° 2............	0,00012	0,00005
Fer de Suède marque L........	0,00015	0,00005
Fer de Suède JB couronné......	0,00055	0,00019
Fer de Suède S..............	0,00040	0,00021
Fer de Suède AGL...........	0,00030	0,00017
Fer de Suède S (1)..........	0,00040	traces
Fer de Suède S..............	0,00040	0,000090

(1) Carburation opérée au creuset brasqué.

De même que le fer, la fonte placée dans une caisse à cémenter a perdu du soufre.

I. Une plaque de $0^m,015$ d'épaisseur, en fonte blanche de Ria, a été mise dans le cément où elle est restée pendant trente-cinq jours. Elle contenait :

	gr
Avant la cémentation, soufre......	0,00101
Après la cémentation............	0,00036
Perte............	0,00065

II. Dans une seconde expérience :

	gr
Avant la cémentation, soufre......	0,00108
Après la cémentation.............	0,00020
Perte.............	0,00088

III. Fonte blanche de Ria, fondue à une très-haute température, et transformée en fonte grise par le refroidissement :

	gr
Avant la fusion, soufre...........	0,00100
Après la fusion..................	0,00020
Perte............	0,00080

On a dit que le soufre pouvait sortir d'un fer carburé exposé à une forte chaleur, par suite de la production d'un composé très-volatil, le sulfure de carbone. Cette opinion n'est guère soutenable quand on sait, par les expériences de M. Berthelot, que la décomposition du sulfure a lieu à une température un peu inférieure à celle de sa formation. L'élimination du soufre, dans les conditions où on l'observe, est peut-être due tout simplement à ce qu'une température excessive détruit, ou tout au moins atténue l'affinité qui unit un corps doué d'une grande fixité à un corps très-volatil. Quoi qu'il en soit, la cémentation aurait pour effet, indépendamment de la carburation du fer, l'élimination d'une partie du soufre contenu dans ce métal. Pendant la fusion de l'acier poule pour obtenir l'acier fondu, l'élimination continue et elle s'étend au phosphore quand le fer n'est plus en contact avec le charbon de bois. Aussi, à mesure que l'action du feu se prolonge en devenant plus intense, voit-on disparaître le soufre et le phosphore; les aciers de hautes qualités fondus au creuset n'en renferment plus que des traces. On en jugera par les résultats d'analyses que je vais présenter :

	Soufre.
	gr
Acier fondu, J. Holtzer, martelé et cémenté de nouv.	0,0000
Acier fondu à outils de Firth.......... ..	0,0000
Acier fondu de Styrie.......	0,0001
Acier canon d'Unieux, Loire....................	0,0001
Acier J. Holtzer, marqué à la cloche, carré.........	traces.
Acier Huntsmann carré...................... ..	traces.
Acier J. Holtzer, cloche ronde........	0,0001
Acier Huntsmann, rond.......	0,0001

L'acier fondu au creuset ne renferme donc plus que des traces de soufre, et généralement des quantités de phosphore assez minimes pour échapper à l'analyse. C'est ce qui ressort de la composition des aciers reconnus supérieurs pour la fabrication des instruments tranchants, des outils.

	Acier Holtzer à la cloche.	Acier Huntsmann.
	gr	gr
Fer (dosé)...... ...	0,9873	0,9874
Carbone combiné......	0,0116	0,0115
Graphite....	0,0000	0,0000
Silicium.............	0,0006	0,0011
Soufre..	traces.	traces.
Phosphore...........	0,0000	0,0000
Manganèse......... .	0,0010	0,0008
	1,0005	1,0008

Il restait à savoir si les quantités fort limitées de silicium, de phosphore, trouvées en excès dans le fer cémenté, n'étaient pas dues entièrement aux erreurs d'analyses. Une expérience entreprise pour résoudre la question établirait que la brasque cède au métal du silicium et du phosphore. Des lames d'une tôle d'excellente qualité ont été mises dans un creuset brasqué; les vides ayant été remplis par du charbon de bois en poudre, on a fondu.

Le culot refroidi lentement dans le creuset présentait les caractères d'une fonte grise.

Voici le résultat des dosages rapportés à 1 gramme de matière :

	Silicium.	Phosphore.
	gr	gr
Dans la tôle................	0,00070	0,00008
Dans le culot..............	0,00233	0,00024
Acquis pendant la fonte.....	0,00163	0,00018

Ainsi, dans une opération plus rapide, mais exécutée à une température supérieure à celle de la cémentation en caisse, 1 gramme de fer a pris aux cendres du charbon de bois 1 $\frac{1}{2}$ milligramme de silicium et $\frac{2}{10}$ de milligramme de phosphore. L'absorption de ces deux métalloïdes par le métal n'est pas douteuse.

De l'ensemble des observations, des analyses consignées dans ce Mémoire, il résulte ce fait sur lequel je crois devoir insister : c'est que les aciers fondus considérés comme supérieurs sont réellement constitués par du fer et du carbone. A mesure que leur qualité augmente, on voit le soufre diminuer, disparaître. Ils sont généralement exempts de phosphore, et le manganèse comme le silicium n'y entre que pour une proportion dépassant rarement $\frac{1}{1000}$.

La capacité d'une caisse à cémenter, déduction faite du volume du sable servant de clôture, est d'environ $4^{mc},9$.

La charge est évaluée à :

		Densité.	Volume.
	kg		mc
Fer en barre..............	13500	7,8	1,73
Charbon de bois...........	1750	0,56	3,13

La poudre de charbon formant la brasque ne contient pas au delà de 0,8 de carbone :

Soit, pour les 1750 kilogrammes : carbone, 1400 kilogrammes.

Si 1 kilogramme de fer absorbe en moyenne 12 grammes de carbone pour être converti en acier poule, les 13500 kilogrammes en prendront 162 kilogrammes, représentant 202^{kg},5 de brasque consommée pour la carburation.

Dans une caisse chargée, il y aurait par conséquent :

Pour 1 volume de fer....	1^{vol},81	de brasque.
En poids, pour 1 de fer...	0,10	»

J'ai présenté ces nombres pour montrer combien la proportion de charbon adoptée est au-dessus de celle qui serait nécessaire pour opérer l'aciération. C'est une condition indispensable, par la raison qu'une caisse n'est jamais impénétrable à l'air extérieur. D'ailleurs l'humidité, les gaz inclus dans le charbon ou développés pendant la chauffe doivent trouver une issue.

L'apparition de gaz combustibles au sein de la brasque incandescente a été établie par M. Cailletet. Cet ingénieux maître de forges a dosé dans ces gaz 0,14 à 0,15 d'oxyde de carbone, doué, on le sait, de la faculté carburante. Néanmoins, si l'on considère ce qu'il faut de carbone pour transformer en acier 13000 à 14000 kilogrammes de fer, on est conduit à cette conclusion que, dans la cémentation, le carbone a surtout pour origine le carbone fixe du charbon de bois. Au reste, la possibilité de l'union de deux corps solides : fer et carbone, en contact à une haute température, n'est plus en question depuis la mémorable expérience de Clouet, si élégamment reproduite par M. Margueritte, et dans laquelle le fer est changé en acier en se combinant au diamant, expérience décisive, à mon avis, bien que, en réalité, Clouet ait obtenu de l'acier fondu, parce que la fusion d'un fer carburé est toujours précédée d'une pénétration de carbone dans le métal solide. C'est ainsi que le platine et, comme je l'ai constaté tout récemment, l'iridium, le palladium maintenus au rouge dans une brasque pouvant fournir du silicium sont d'abord cémentés par ce métalloïde avant de donner, par l'intervention d'une chaleur suffisamment intense, des régules fondus de siliciures [1].

C'est précisément ce qui arrive quand le fer est chauffé dans de la poudre de diamant, dans du graphite, dans du charbon de sucre, ou dans du noir de fumée fortement calciné; ici encore la carburation précède la fusion, et, dans ces conditions, elle a lieu en dehors du concours de gaz combustibles.

[1] De l'iridium préparé par M. Henri-Sainte-Claire Deville a donné, par la fusion, un culot sphérique très-régulier; le poids du métal avait augmenté de 0,07.

TABLE DES MATIÈRES.

2137 Paris. — Imprimerie de GAUTHIER-VILLARS, quai des Augustins, 55.

www.ingramcontent.com/pod-product-compliance
Ingram Content Group UK Ltd.
Pitfield, Milton Keynes, MK11 3LW, UK
UKHW022112190726
13855UKWH00002B/813

9 782013 458337